최신 CMOS 기술 요약 및 미래 CMOS 소자 기술

신창환 著

이 도서의 국립중앙도서관 출판예정도서목록(CIP)은 서지정보유통지원시스템 홈페이지(http://seoji.nl.go.kr)와
국가자료공동목록시스템(http://www.nl.go.kr/kolisnet)에서 이용하실 수 있습니다.(CIP제어번호 : CIP2016026409)

머리말

최신 CMOS (Complementary Metal Oxide Semiconductor) 반도체 소자 기술에 대한 내용은 주로 국제저명학술지 및 국내외 학술대회 초록을 통해 이해해야 한다. "최신" 기술이기 때문에, 가장 최신의 기술들은 그렇게 출판되고 세상에 공개되어야 함이 어쩌면 당연한 일이다. 하지만, 대학교 학부학생들 및 대학원 1년차 학생들의 눈높이에 맞춘 최신 CMOS 반도체 소자 기술 소개 내용을 담은 저서는 흔치 않은 게 사실이다. 본 저자는 여러 대학원생들의 도움을 받아, 최신 반도체 소자 기술 (100nm 이하 CMOS 반도체 기술)에 대한 리뷰 및 미래 반도체 소자 기술 (특히, super steep switching 반도체 소자 기술)에 대한 소개를 한 편의 책으로 저술하였다. 고학년 학부 수업 및 저학년 대학원 수업에 보충자료로 활용될 수 있도록 구성하였고, 학생들 눈높이에 맞추어 집필함으로써, 소설책 보듯이 글을 읽을 수 있도록 집필하였다. 아무쪼록 대한민국의 반도체 산업 발전을 이끌어갈 미래 반도체 공학도들에게 조금이나마 도움이 될 수 있었으면 한다.

신 창 환

Acknowledgements

This work was supported by the National Research Foundation of Korea (NRF) grant funded by the Korea government (MSIP) (No. 2014R1A2A1A11050637). And, this work was supported by the Future Semiconductor Device Technology Development Program (Super steep switching device technology using novel materials and structures) funded by the Ministry of Trade, Industry & Energy (MOTIE) and the Korea Semiconductor Research Consortium (KSRC).

Chapter 00
Metal-Oxide-Semiconductor Field-Effect Transistor? (MOSFET)

1. MOSFET의 동작 원리 12

2. Metal-Oxide-Semiconductor Capacitor (MOSCAP) 13

3. Metal-Oxide-Semiconductor Field-Effect Transistor (MOSFET) 23

Chapter 01
Band Structure and Carrier Dynamics

1. Band Structure 30

1-1. Energy bands 30

1-2. Simple energy band diagram of semiconductors 31

1-3. Energy vs. wave vector (E-k) diagram of semiconductors 32

1-3-1. Simplified band structure model 34

1-3-2. 결정 내에서의 E-k diagram 38

1-3-3. 유효 질량 (effective mass) 42

2. Carrier Dynamics 46

2-1. Carrier drift 46

2-1-1. Impurity scattering 51

2-1-2. Lattice scattering (Phonon scattering) 52

2-1-3. Surface scattering 52

2-2. Carrier mobility & conductivity 53

2-2-1. Doping dependence of carrier mobility 53

2-2-2. Conductivity 55

2-3. Velocity saturation 56

2-4. Carrier diffusion 58

2-5. Total current 61

Chapter 02
Gate Stack Technology

1. Gate stack 기술 발전 64

2. Gate stack 기술이 직면한 한계 및 해결 방안 66

2-1. Gate stack 기술이 직면한 한계 (Gate leakage current) 66

2-2. Quantum mechanical tunneling 68

2-2-1. Fowler-Nordheim tunneling 69

2-2-2. Direct tunneling 70

2-3. 새로운 oxide 물질을 이용한 gate stack technology 70

◎ Equivalent oxide thickness (EOT) 70

2-3-1. High-k dielectric 72

2-3-2. High-k/Poly-silicon 77

2-3-3. Mobility degradation 78

2-3-4. Many problems of high-k dielectric material (HfO_2) for EOT 〈 1 nm 80

2-4. 새로운 metal 물질을 이용한 gate stack technology 81

1. gate depletion: 81

2. dopant penetration: 82

3. lower resistance: 82

4. solve the Fermi level pinning: 82

5. Surface phonon based mobility degradation: 82

2-5. High-k/Metal Gate (HK/MG) 공정 기술 84

Chapter 03
Summary on sub-100-nm Semiconductor Device Technology

1. 90nm 반도체 기술 91

1-1. 90nm 구현을 위한 문제점 91

1-2 사용된 기술 91
- a. 90nm에서 사용된 Technique: Uniaxial Strain 91
- b. Uniaxial Strain의 90nm CMOS Technology에 적용 94
- c. 90nm 트랜지스터를 사용한 회로의 성능 결과 98

2. 65nm 반도체 기술 101

2-1. 65nm 구현을 위한 이전의 문제점 101

2-2. 사용된 기술 101
- a. 65nm 트랜지스터의 공정 특징 101
- b. 65nm의 트랜지스터 구조 102
- c. Interconnect 구조 109
- d. 메모리 Cell 110

3. 45nm 반도체 기술 112

3-1. 45nm 구현을 위한 이전의 문제점 112

3-2. 사용된 기술 116
- 1) High-k [1] 116
- 2) Metal gate strain enhancement [1] 117
- 3) Sigma shape [2] 121
- 4) Gate last process [그림 3-28] 121

3-3. 45nm and future 122

4. 32nm 반도체 기술 124

4-1. 32nm 구현을 위한 이전의 문제점 124

4-2. 사용된 기술 124
- 1) High-k last [그림 3-29] 124

2) Raised Source Drain (RSD) 125

5. 22nm 반도체 기술 127

5-1. 22nm 구현을 위한 이전의 문제점 127

5-2. 사용된 기술 129
1) Bulk Si FinFET 129
2) Raised S/D (to reduce contact resistance) 133

6. 14nm 반도체 기술 136

6-1. 14nm 구현을 위한 이전의 문제점 136

6-2. 사용된 기술 136

Chapter 04
Low Power Semiconductor Devices

1. Power density 문제 140

2. Boltzmann tyranny 144

2-1. Subthreshold slope (SS) 145

2-2. Thermionic emission 146

2-3. 해결방안 148

3. Steep switching device: Negative capacitance Field-Effect Transistor (NCFET) 150

3-1. Steep switching device using negative capacitance 150

3-2. Capacitance 152

3-3. Ferroelectric materials 153

3-4. Curie temperature 160

3–5. Negative state in polarization vs. electric field plot 161

3–6. Stabilization of negative capacitance in ferroelectric capacitor 162

3–7. Ferroelectric과 dielectric의 capacitance matching 165

3–8. Negative capacitance field–effect transistors (NCFETs) 168

Metal-Oxide-Semiconductor Field-Effect Transistor? (MOSFET)

1960년대 인텔의 공동창업자 골든 무어가 주장한 무어의 법칙에 따라 반도체의 집적도가 18개월마다 2배씩 증가함에 따라 반도체 소자 및 공정기술이 급격한 기술발전을 이루며 최근에는 듀얼코어급 이상의 마이크로프로세서가 단위 칩당 약 10억개 이상의 소자들로 구성되어 있는 수준까지 다다르게 되었다([그림 1] 참고).

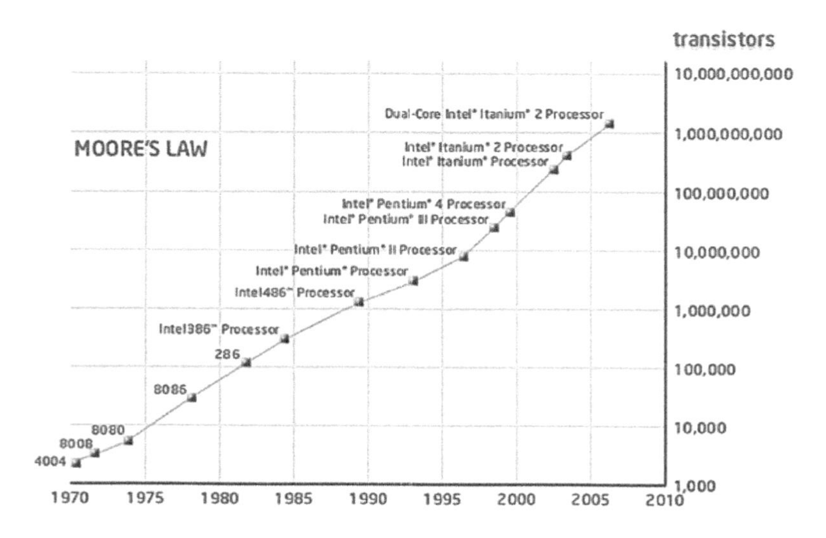

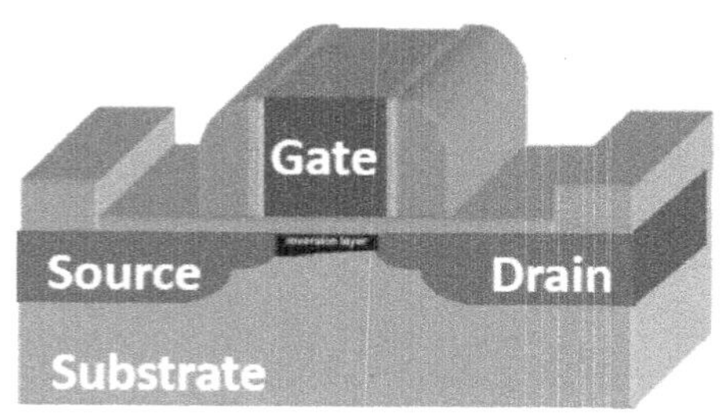

[그림 1] 무어의 법칙을 나타낸 그래프 (위)와 일반적인 MOSFET의 조감도(아래)

현재 이 칩은 작게는 스마트폰, 웨어러블 디바이스부터 개인용 PC 및 대용량 고성능 서버급 컴퓨터까지 일상생활에 널리 쓰이는 디지털 기기들의 동작에 없어서는 안될 큰 역할을 하고 있다. 특히, 트랜지스터는 칩 내에서 가장 핵심적인 역할을 수행하는 반도체 소자이다. 여러 종류의 트랜지스터 중에서도, electric field를 이용한 Metal-Oxide-Semiconductor Field-Effect Transistor (MOSFET)가 현재 가장 널리 사용되고 있는 대표적인 반도체 소자이다([그림 1] 참고).

이 책에서는 MOSFET의 기초 동작원리부터 시작하여, MOSFET을 이루고 있는 silicon의 band structure에 대해 자세히 알아보고, 내부 전류의 흐름을 이루는 carrier가 어떻게 움직이는지에 대해 알아보겠다. 또한 전류 흐름 제어에 중요한 역할을 하는 gate와 oxide의 발전 역사 및 현재 사용되고 있는 기술에 대해서 언급한 뒤, 마지막으로 저전력을 요구하는 시대에 발 맞추어 다음 세대 반도체 소자로 주목 받고 있는 steep switching device에 대한 설명으로 이 책을 마무리 짓겠다.

1 MOSFET의 동작 원리

MOSFET의 구조는 간단하게 source, drain 그리고 gate로 이루어져있다 ([그림 1] 아래 참고). 위 세 개의 단자는 silicon으로 이루어진 substrate 위에 위치된다. 전류는 drain에서 source와 drain사이의 channel이라는 부분을 지나 source로 흐른다. 전류의 흐름은 carrier라고 하는 electron 또는 hole의 움직임이다. 즉, electron이 (음의 전하를 띄고 있기 때문에 전류의 흐름과 반대 방향의 흐름을 가짐) source에서 drain으로 channel을 거쳐 흐르고 이 흐름이 전류를 만들어 낸다. Hole의 경우는 양의 전하를 띄고 있으므로, drain에서 source로 움직인다. 위에서 언급한 전류의 흐름은 gate에 인가한 전압으로 인해 발생되는 electric field에 의해 control 된다. 쉽게 말하여, gate 단자는 carrier들이 source에서 drain (혹은 drain에서 source) 으로 움직일 수 있는 통로를 만들어준다. MOSFET에 대해 좀 더 자세히 알아보겠다.

2 Metal–Oxide–Semiconductor Capacitor (MOSCAP)

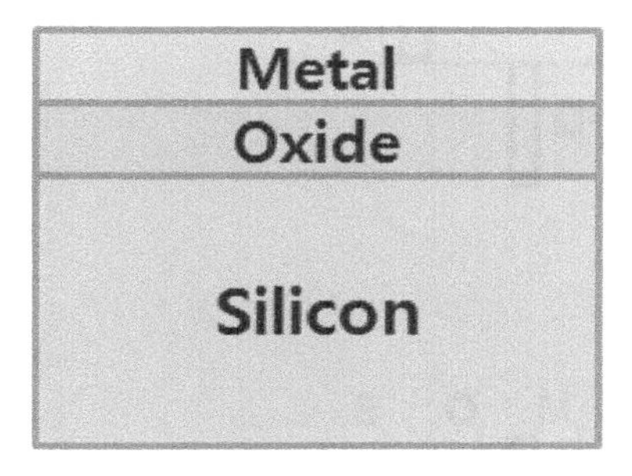

[그림 2] Metal–Oxide–Semiconductor(silicon) 구조를 가진 MOS–capacitor

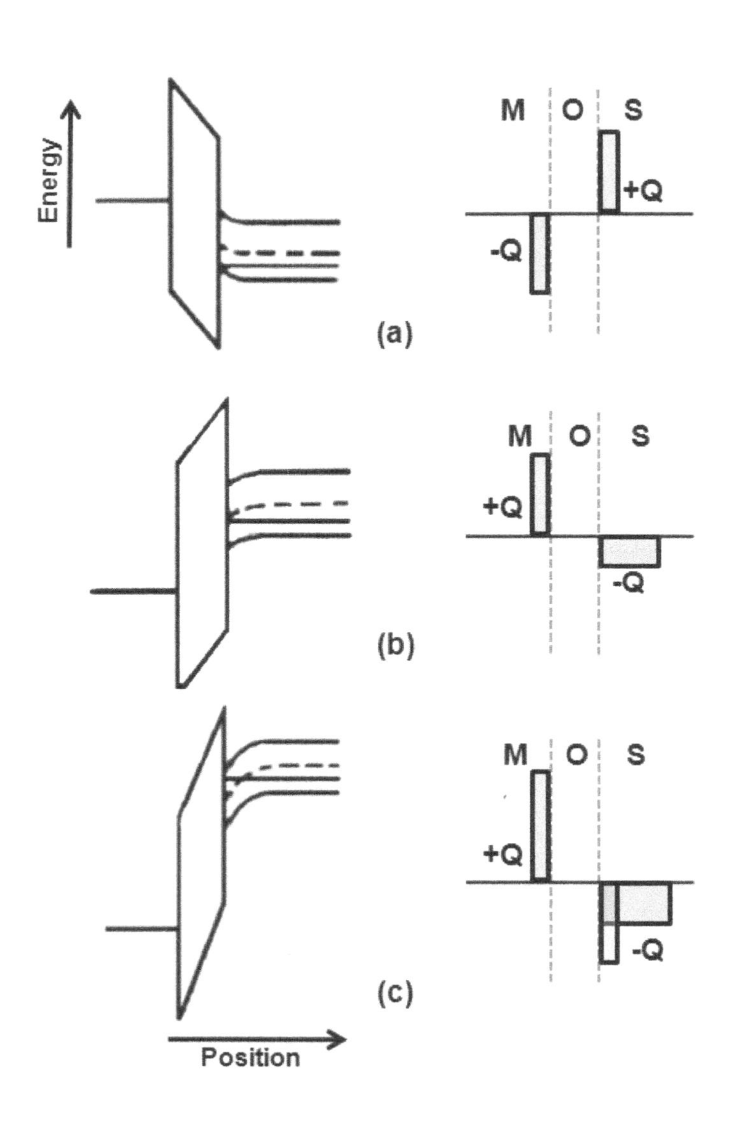

[그림 3] MOSCAP의 (a) accumulation, (b) depletion,
(c) inversion 상태에서의 energy band diagram과 block charge diagram

MOSFET을 자세히 이해하기 위해서는 우선 MOS구조에 대해서 이해할 필요성이 있다([그림 2] 참고). Metal에 전압을 가함에 따라 silicon 표면의 charge 변화는 MOSFET에서 gate에 전압을 가함에 따라 channel영역의 변화와 일맥상통 하기 때문에 MOS capacitor (MOSCAP)을 해석하는 것이 중요하다. 다시 말해서, MOS capacitor (MOSCAP)에 대해 알면 gate가 channel영역에 어떻게 영향을 주는지 알 수 있게 된다.

[그림 2]는 MOSCAP의 schematic을 나타낸 그림이다. 즉, Metal에 가해주는 전압의 극성에 따라서 표면에 모이는 carrier의 type이 바뀐다. P-type dopant로 doping된 silicon의 경우를 예로 들어서 전압에 따른 MOSCAP의 변화를 알아보겠다.

[그림 3]을 보자. 이 그림은 p-type silicon으로 만든 MOSCAP의 전압에 따른 energy band diagram (왼쪽 그림)과 block charge diagram (오른쪽 그림)이다.

(i) 우선 [그림 3]의 (a)를 보면, metal에 음의 전압을 걸어주었을 때, silicon에 양의 charge가 걸리는 것을 볼 수 있다. 이 양의 charge는 hole인데, p-type silicon의 majority carrier인 hole이 metal에 인가한 음의 전압에 의해 silicon 표면으로 모이게 된 것이다. 이를 accumulation 상태라고 한다(이 책은 기본적인 반도체 소자 지식에 대해서 독자가 충분히 알고 있다고 가정하고 쓰였기 때문에 n-type, p-type silicon, doping, electron, hole 등에 대한 기초적인 설명은 생략함). 참고로, accumulation을 위해 metal에 걸어줘야 하는 전압의 정도는 metal의 work-function과 silicon의 doping 농도에 따라 변한다.

(ii) [그림 3]의 (b)를 보면, metal에 양의 전압을 걸어준 것을 알 수 있다. Metal에 일정한 양의 전압을 가하게 되면, silicon 표면에 있던 hole이 표면에서부터 밀려 멀어지게 되어 silicon 표면에 carrier가 없는 상태가 된다. 이를 depletion 상태라고 한다. 이 때, block charge diagram을 보면, silicon 부분에 negative charge가 존재하는데 이는 ionized acceptors 때문에 negative charge를 띄는 것이다.

(iii) [그림 3]의 (c)를 보자. 위의 (ii) 상태에서 metal에 더 큰 positive voltage를 걸어주면 electron이 oxide에 인접한 substrate 부분에 모이게 된다. 이를 정량적 기준으로 표현해보자. Metal에

$$E_i(surface) - E_i(bulk) = 2 \times [E_F - E_i(bulk)]$$

인 상태 (E_i(surface) − E_i(bulk) 는 surface potential 이라고 함)가 될 때까지 voltage를 계속 걸어주게 되면 (쉽게 말해서 metal에 voltage를 가하면 silicon의 surface가 bending되고, 그 bending되는 크기가 bulk 부분의 mid-gap energy와 fermi level의 차이의 두 배가 될 때까지를 뜻함), 이때를 우리는 strong inversion되었다고 한다. 이때의 전압을 threshold voltage (V_{TH}) 라고 한다. Silicon의 surface에 있는 Fermi level을 보면, mid gap보다 위로 올라와 있다. 이는 p-type인 silicon의 표면에 electron이 있다는 것을 뜻한다. 그 electron의 양은 bulk 부분의 mid-gap energy와 fermi level의 차이와 같다. 정리하면, strong inversion이 되면 surface에 electron이 모이게 되고, 그 양은 silicon의 도핑농도의 양과 같다. [그림 3]의 (c)를 보면, 앞의 depletion 상태와 마찬가지로 silicon 표면 쪽은 ionized acceptor charge 때문에 negative charge를 띄고, 또한 electron이 표면 쪽에 생겼기 때문에 추가적인

negative charge가 있다는 것을 알 수 있다. 참고로, depletion 상태와 strong inversion 상태 사이는 weak inversion이다. Weak inversion은

$$E_i(surface) - E_i(bulk) < 2 \times [E_F - E_i(bulk)]$$

이지만, silicon의 표면에 약간의 inversion이 일어나 electron이 모인 상태를 의미한다.

앞에서 언급한 대로 MOSCAP은 capacitor의 형태를 지니고 있기 때문에 voltage에 따른 capacitance를 해석함으로써, MOSCAP이 잘 동작하는지 좀 더 정확하게 알 수 있고 더 깊은 해석을 할 수 있다. MOSCAP의 capacitance 측정 방법을 나타내는 circuit은 [그림 4]와 같다.

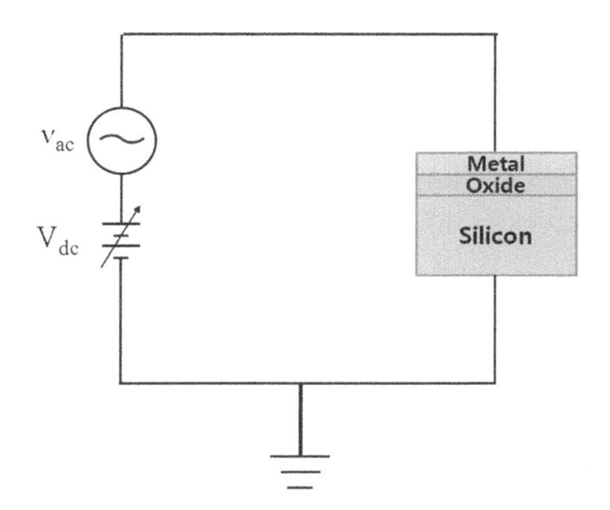

[그림 4] MOSCAP의 capacitance 측정을 위한 circuit

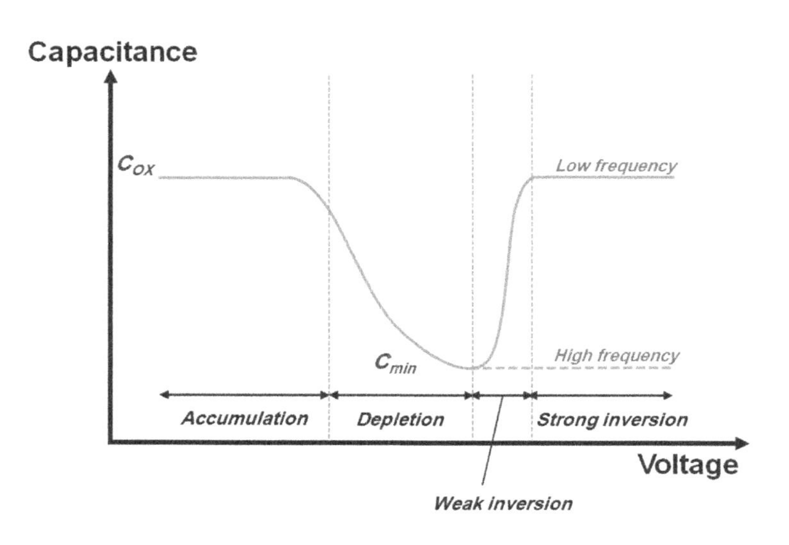

[그림 5] MOSCAP의 capacitance vs. voltage 곡선

MOSCAP의 capacitance를 측정하는 방법은 [그림 4]에 나타나 있다. 우선 소자에 DC bias를 주고, 그 상태에서 AC voltage를 주어 charge가 어떻게 변화하는지로 측정한다. [그림 5]는 MOSCAP의 capacitance vs. voltage plot이다. 우선 accumulation 상태에서의 capacitance 값은 다음과 같다.

$$C_{OX}(C_{max}) = \frac{\varepsilon_{OX}}{t_{OX}}$$

우선, metal에 dc voltage로 accumulation 상태가 될 수 있는 voltage를 인가 한 다음, ac voltage를 가하면 silicon 표면에 charge가 바로 형성되기 때문에 oxide의 두께만 고려해주면 된다. 하지만, depletion 상태에서는 majority carrier가 silicon 표면에서 멀어지기 때문에 oxide 두께와 depletion 두께를 모두 고려해주어야 한다. 표면에서 depletion width만큼 떨어진 곳에서 charge가 변화한다. 즉, 두 개의 capacitor가 직렬로 연결되어 있는 것과 같다. 식으로 표현하면 다음과 같다.

$$C_{min} = C_{dep} + C_{OX} = \frac{\varepsilon_{si}}{W_{dep}} + \frac{\varepsilon_{OX}}{t_{OX}}$$

C_{dep}은 depletion capacitance이고, W_{dep}은 depletion width이다. Voltage가 양의 방향으로 커짐에 따라 점점 더 depletion width도 넓어지기 때문에 capacitance의 값은 작아진다. 최대의 depletion width가 될 때, 그때의 capacitance 값을 C_{min}이라고 하고 [그림 5]에 나와 있다. 앞에서도 언급한 weak inversion의 상태는 p_S (표면에서의 hole 농도) 〈 n_S (표면에서의 electron 농도) 〈 N_A (ionized acceptor 농도)인 상태이다. Strong inversion 상태에서는 charge의 변화가 frequency에 따라 나뉜다. 이는 [그림 6]에서 알아보겠다.

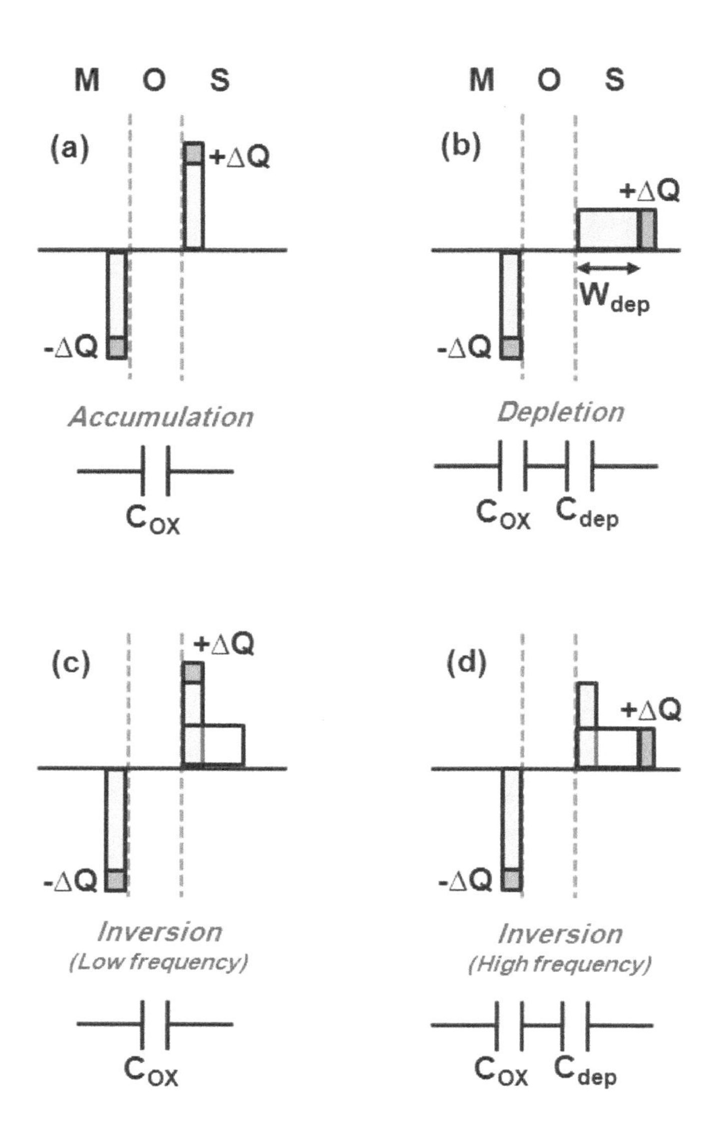

[그림 6] AC voltage에 따른 (a) accumulation, (b) depletion, (c) low frequency 일 때의 inversion, (d) high frequency 일 때의 inversion 에서의 block charge diagram

[그림 6]은 metal에 AC voltage를 걸어줬을 때 각각 상태 [(a) accumulation, (b) depletion, (c) low frequency 일 때의 inversion, (d) high frequency 일 때의 inversion] 에서의 charge 변화를 나타낸 그림이다. 그림을 보면 앞에서 설명한 내용에 대한 이해도를 높일 수 있을 것이다. [그림 6]의 (c)와 (d)는 frequency에 따른 inversion 상태의 capacitance 변화를 나타낸 그림이다. Frequency가 낮을 때는 AC voltage의 변화에 따라 silicon의 표면의 electron이 모이는 시간이 충분하기 때문에 silicon 표면에서 charge의 변화가 생긴다. 하지만 frequency가 빠르면 electron이 silicon 표면에 생기기 전에 voltage가 바뀌기 때문에 depletion width 만큼 떨어져서 charge의 변화가 생긴다. 그 때의 capacitance의 값은 [그림 5]와 [그림 6]을 보면 잘 나와있다. 지금까지의 그림 및 설명은 p-type silicon substrate에서의 설명이었고, n-type silicon substrate에서의 capacitance vs. voltage [그림 7]과 block charge diagram [그림 8]은 다음과 같다.

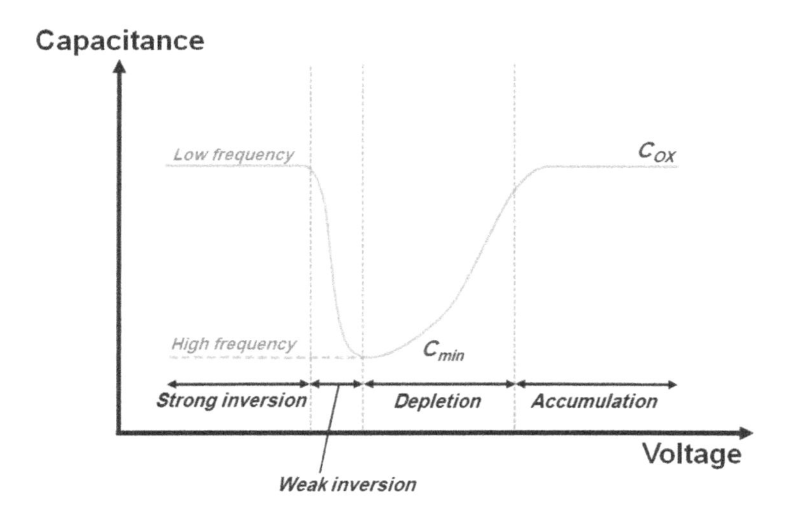

[그림 7] MOSCAP의 capacitance vs. voltage 곡선

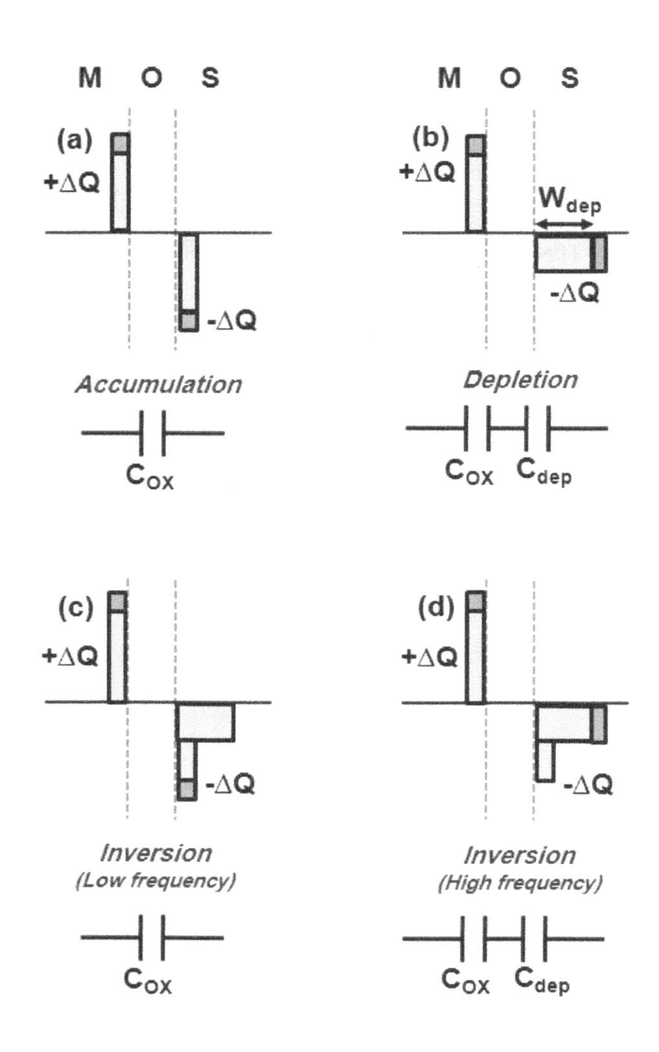

[그림 8] AC voltage에 따른 (a) accumulation, (b) depletion, (c) low frequency 일 때의 inversion, (d) high frequency 일 때의 inversion 에서의 block charge diagram

3 Metal-Oxide-Semiconductor Field-Effect Transistor (MOSFET)

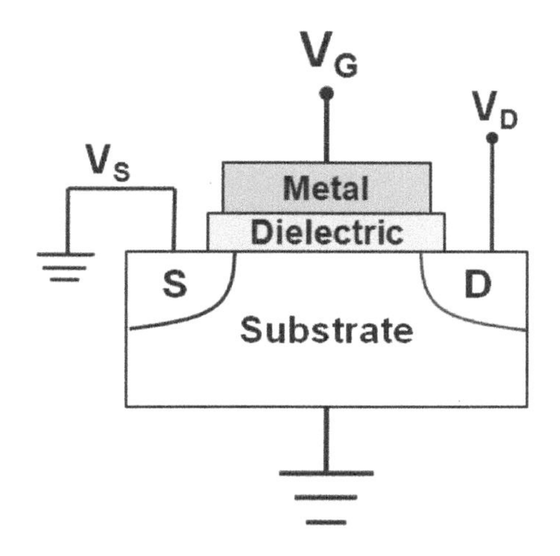

[그림 9] MOSFET의 cross-sectional view

지금까지는 MOSCAP을 통해 MOS 구조에 대해 알아보았고, 이제부터는 MOSFET의 동작원리에 대해서 알아보겠다. MOSFET은 앞에서도 언급했듯이 스마트폰, 웨어러블 디바이스부터 개인용 PC 및 대용량 고성능 서버급 컴퓨터까지 일상생활에 널리 쓰이는 디지털 기기들의 동작에 없어서는 안될 큰 역할을 하고 있다. MOSFET은 네 개의 단자로 이루어져있다(gate, drain, source 그리고 body로 이루어짐). 동작원리에 대해서 간단하게 소개하겠다(앞으로는 n-type MOSFET의 경우를 예로 들어서 설명함, p-type MOSFET은 n-type MOSFET의 반대임). 기본적으로 n-type MOSFET이라고 하면, source, drain 영역이 n+로 doping되어 있고 silicon substrate는 p-type 기판이기 때문에 channel 영역은 p-type이다.

Gate에 voltage를 인가해주면, channel 영역에 accumulation 되어 있던 hole이 depletion 되고, 어느 한계점 (위에서 언급했던 threshold voltage임)을 넘을 때 까지 계속 gate voltage를 걸어주게 되면, hole있던 자리에 electron이 모이면서, source에 있던 electron이 drain쪽으로 흐를 수 있게 된다. 즉, gate voltage가 electric field를 통해 channel을 control해서 전류를 흐를 수 있게 하는 소자가 MOSFET이다.

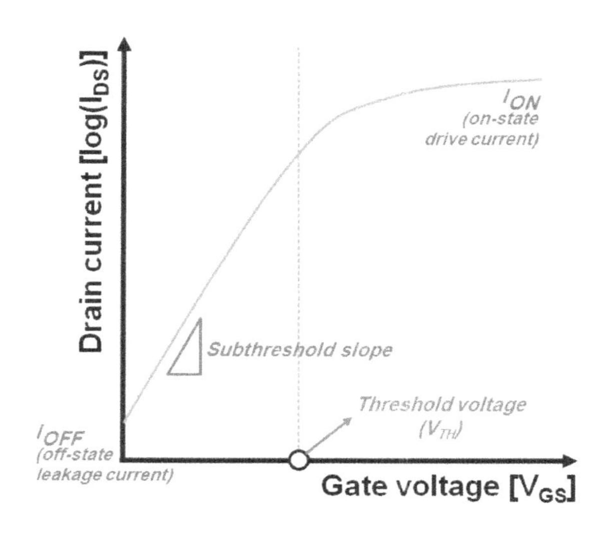

[그림 10] MOSFET의 I_{DS}–V_{GS} 곡선

[그림 10]은 MOSFET의 I_{DS}–V_{GS} 곡선이다. 입력전달 특성 곡선이라고도 한다. x축은 gate voltage이고, y축은 drain current를 log로 그린 것이다. V_{GS}가 0V이고, V_{DS} = V_{DD} 일 때의 current를 off-state leakage current라고 하고, V_{GS} = V_{DS} = V_{DD} 일 때의 current를 on-state drive current라고 한다. Threshold voltage는 앞에서 언급하였고, 마지막으로

[그림 10]에서 알 수 있는 것은 subthreshold slope (SS)이다. SS의 정의는 drain current를 10배 올리는데 필요한 gate voltage를 의미한다.

자세한 식에 대해서는 chapter III를 참고하기 바란다. [그림 11]은 drain-induced barrier lowering (DIBL)을 나타낸 MOSFET의 $I_{DS}-V_{GS}$ 곡선이다. DIBL은 drain voltage가 channel 영역에 얼마나 영향력을 미치는지 알아보는 정량적인 값으로써, drain voltage가 source와 channel 사이의 barrier를 낮추게 되어 작은 gate voltage를 걸어도 빨리 켜지게 된다(V_{TH}가 낮아짐). Short channel effect (SCE)의 한 종류이고 보통 SCE의 정도를 판단하는 지표이다. 작은 DIBL값을 갖는 것은 채널에 미치는 drain voltage의 영향이 작다는 것이고, 다시 말해서 gate voltage가 channel을 잘 컨트롤 한다는 것을 의미한다.

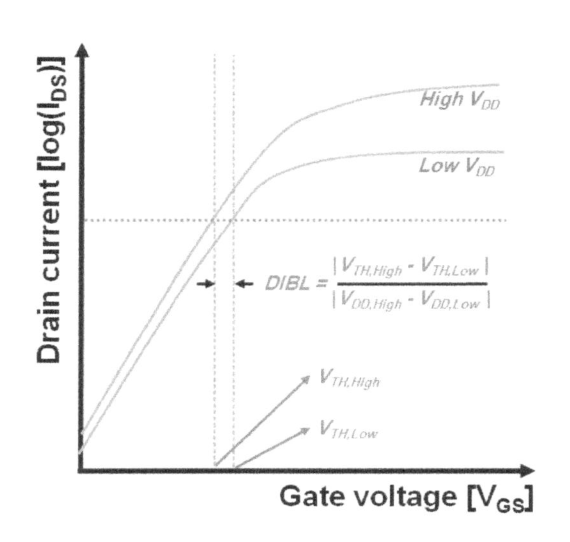

[그림 11] MOSFET의 $I_{DS}-V_{GS}$ 곡선에서의 DIBL (Drain-Induced Barrier Lowering)

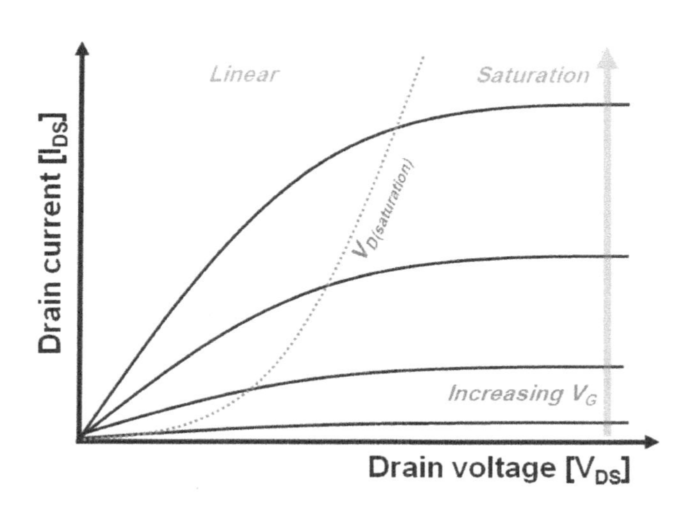

[그림 12] MOSFET의 I_{DS}-V_{DS} 곡선

[그림 12]는 MOSFET의 I_{DS}-V_{DS} 곡선이다. x축은 drain voltage이고, y축은 drain current이다. $V_{GS} > V_{TH}$로 V_{GS}를 인가하여 transistor를 on 시키고, V_{DS}를 올리면 [그림 12]와 같은 곡선을 얻을 수 있다. $V_{D(saturation)}$ 전후로 linear와 saturation으로 나눌 수 있다. 즉 pinch-off 되기 전에는 linear상태이고, 그 이후는 saturation 상태가 된다. [그림 13]은 channel에 inversion layer가 형성되어 있을 때, drain voltage에 따른 n-type MOSFET의 변화를 알아보기 위한 그림이다. [그림 13]의 맨 위의 그림은 $V_{GS} > V_{TH}$일 때, inversion layer가 channel 영역에 생긴 것을 나타낸 그림이다. 그 상태에서 V_{DS}를 계속 올려주면 drain 쪽의 field에 의해서 channel 영역의 inversion layer가 depletion 된다. 세 번째 상태는 inversion layer의 오른쪽 끝이 drain과 맞닿는 상태이다. 이를 pinch-off라고 하고 이때의 drain voltage를 $V_{D(saturation)}$이라 한다. 이 상태에서 drain field를 더 걸어주면 ΔL 부분이 생기고 이때는 drain voltage를 더 걸어주어도 drain에서 source로 가는 current 양에는 변함이 없다.

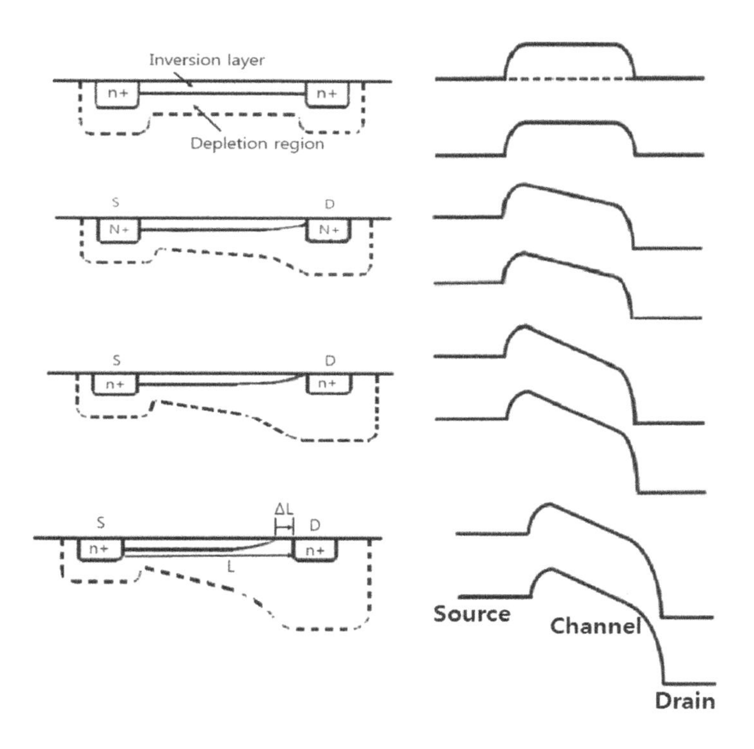

[그림 13] NMOSFET에 inversion layer가 형성되어 있을 때, drain voltage에 따른 MOSFET의 cross-sectional view(왼쪽)와 energy band diagram(오른쪽)

지금까지 기본적인 MOSFET의 동작원리에 대해서 알아보았다. 앞으로 나올 chapter I 에서는 MOSFET을 이루고 있는 semiconductor의 band structure와 carrier가 어떻게 transport되는지 알아볼 것이다. 그 다음 chapter II 에서는 MOS 구조에서 gate electrode와 gate oxide의 발전 역사 및 한계를 언급하고, 현재의 기술이 어디에 와있는지 얘기할 것이다. 마지막 chapter III 에서는 semiconductor device의 power consumption 문제를 해결할 수 있는 저전력 차세대 반도체 소자에 대해서 알아보겠다.

Band Structure and Carrier Dynamics 1

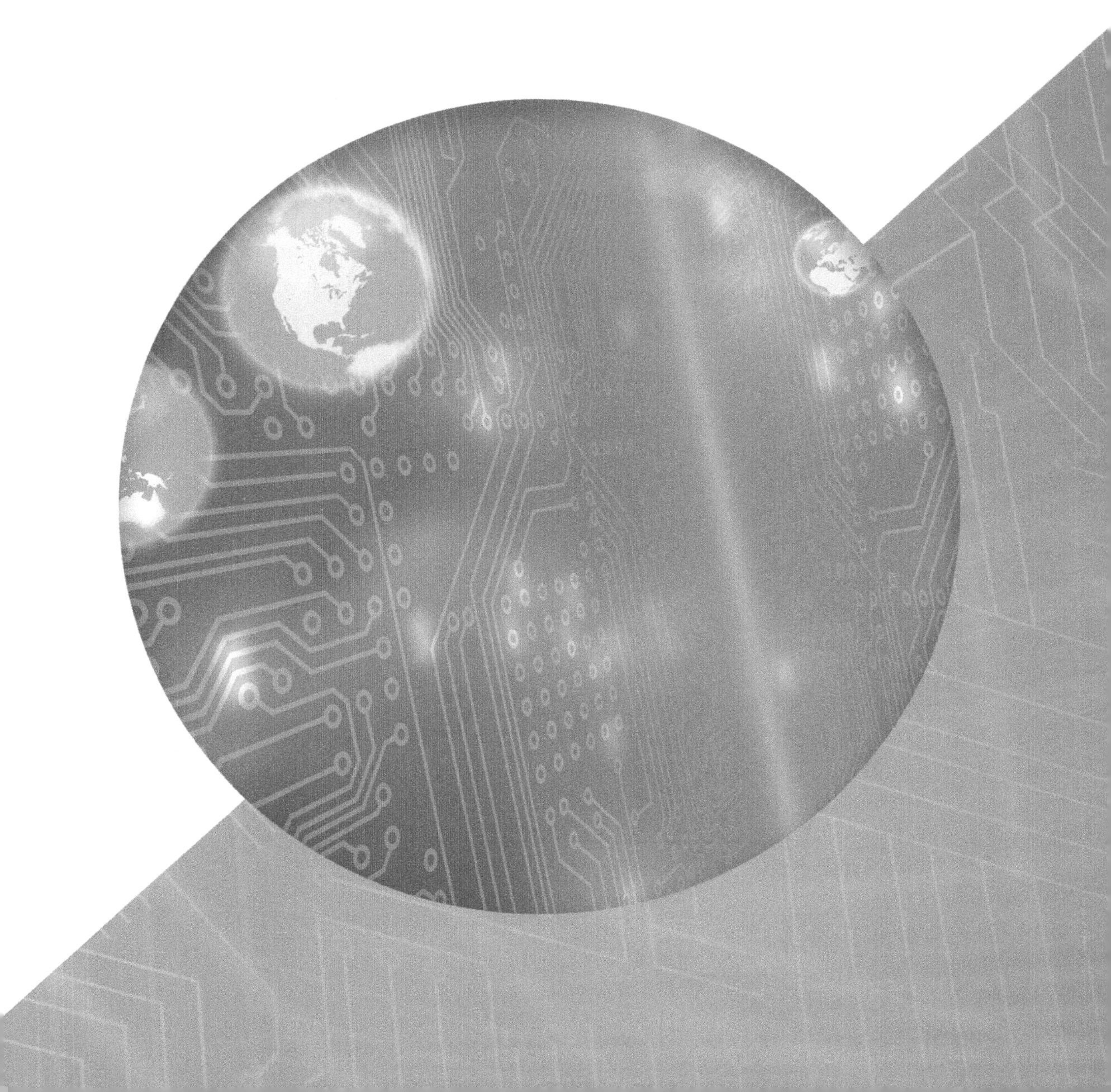

이번 chapter는 semiconductor의 band structure와 그 band structure 내 carrier의 움직임에 대해서 얘기하겠다. 이는 semiconductor device를 다루든 간에 가장 기초가 되고 중요한 부분이다.

1 Band Structure

1-1. Energy bands

Particle 끼리 interaction이 없는 single particle 경우와는 달리, periodic한 결정물질 내의 전자는 그 결정물질을 이루는 각 원자들과의 상호작용에 의하여 single particle과는 다른 더 넓어진 energy 대역을 형성하게 된다. 즉, periodic한 결정물질 내의 전자는 인접한 원자들의 영향을 받아서 전자의 속도가 변하게 되기 때문에 운동에너지도 변하게 되고 결국 전자의 전체 에너지가 변하게 된다. 그 결과, 이 결정물질에서는 각 궤도의 전자가 가질 수 있는 에너지 값의 범위가 넓어져서 일정한 대역을 갖게 된다. 이러한 에너지 대역을 energy band라고 한다.

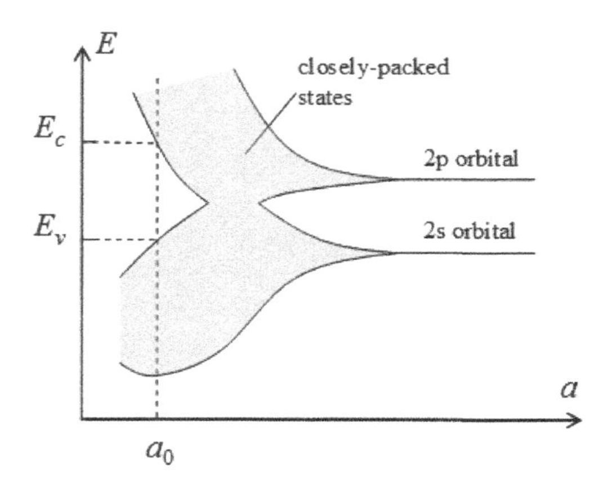

[그림 1-1] 탄소의 Energy band diagram, a_0는 lattice constant를 나타냄

1-2. Simple energy band diagram of semiconductors

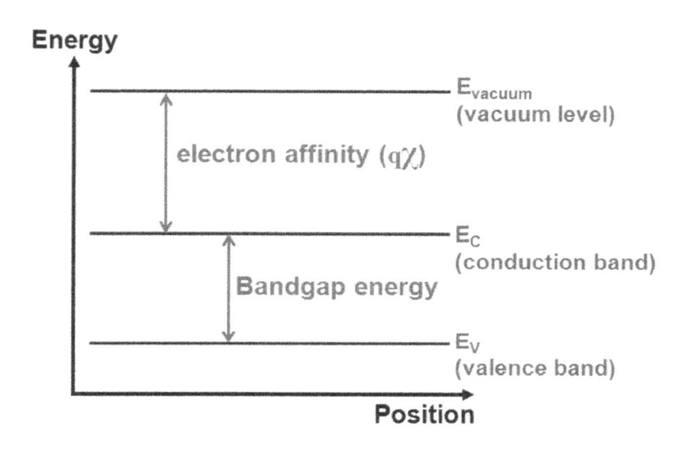

[그림 1-2] 반도체의 simple energy band diagram

[그림 1-1]을 보자. 두 반도체 원자가 서로 가까워 짐에 따라 energy 대역을 형성하고 그 가까워지는 거리가 lattice constant가 되면, [그림 1-2]와 같이 간단히 표현할 수 있다. 반도체는 위와 같은 energy band diagram을 갖는다. 일반적으로 전자가 존재할 수 없는 bandgap을 갖고, bandgap energy의 크기에 따라 반도체와 절연체로 나눌 수 있다. 전자가 들어갈 수 있는 bandgap energy 위쪽 부분 energy 대역을 conduction band 라고 하고, 전자가 들어갈 수 있는 bandgap energy 아래쪽 부분 energy 대역을 valence band 라고 한다. 온도가 0K일 때, valence band는 전자로 완벽히 차있고, conduction band는 완벽히 비어 있다. Vacuum level부터 conduction band의 가장 낮은 부분까지를 전자 친화도 (electron affinity)라고 하고 silicon의 경우 그 값은 4.15 eV 이다. 위의 그림에는 없지만 vacuum level부터 Fermi level까지를 work-function이라고 하며, silicon의 경우 도핑 농도에 따라서 달라진다. Conduction band의 최소값

과 valence band의 최대값이 같은 wavenumber를 갖는 반도체를 direct semiconductor, 다른 wavenumber를 갖는 반도체를 indirect semiconductor라고 한다. 이 내용은 뒤에서 자세히 다루겠다.

1-3. Energy vs. wave vector (E-k) diagram of semiconductors

기본적인 E-k diagram을 설명하기에 앞서 알아야 할 내용이 몇 가지 있다. 반도체와 같이 결정이 주기적으로 이루어 질 경우, De Broglie의 물질파 이론에 의해 전자의 파장에 전자의 속도가 반비례하며, wavenumber와는 비례관계를 갖는다. 즉 식으로 정리하면 다음과 같다.

$$p = E / c = hv / \lambda v = h / \lambda = \frac{h}{2\pi} \times \frac{2\pi}{\lambda} = \hbar k$$

위 식에서 p는 운동량, E는 energy, c는 진공에서의 빛의 속도, h는 플랑크 상수, v는 속도, k는 wavenumber, λ 는 파장이다. 즉, 운동량은 wavenumber에 비례하고, 전자의 운동에너지를 wavenumber로 표현하면 다음과 같이 주어진다.

$$E_k = \frac{1}{2} mv^2 = \frac{(mv)^2}{2m} = \frac{p^2}{2m} = \frac{(\hbar k)^2}{2m}$$

다시 말해서, free electron의 E-k diagram은 parabolic 형태로 주어진다. [그림 1-3]은 free electron의 E-k diagram을 나타낸다.

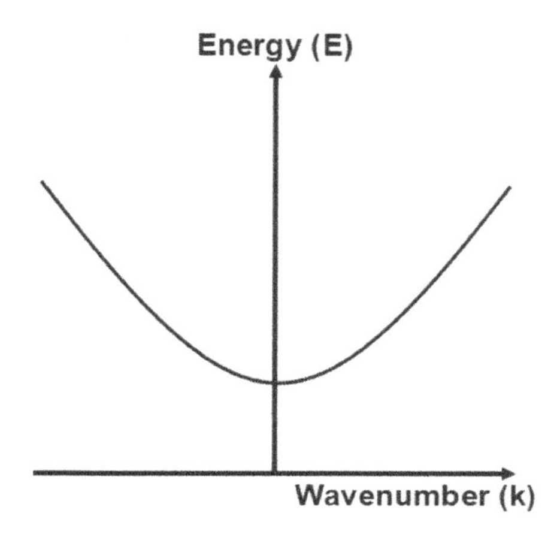

[그림 1-3] free electron의 E-k diagram

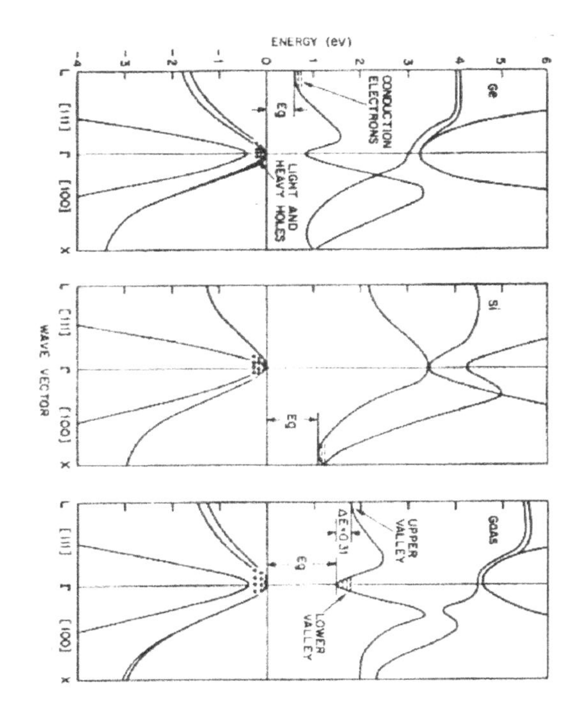

[그림 1-4] (위) Germanium, (가운데) Silicon, (아래) GaAs의 E-k diagram

1-3-1. Simplified band structure model

반도체 내의 charge의 이동에 대해서, 자세한 band structure를 모두 고려하여 계산하기에는 너무 복잡하다([그림 1-4] 참고).

따라서 simplified band structure model이 필요하다. 일반적으로, 반도체 내의 free carrier (electron 또는 hole)의 transport에 영향을 주는 부분은 conduction band의 낮은 부분, valence band의 높은 부분에 위치해 있고, 이 부분은 보통 이차곡선의 형태를 띈다. 즉, free electron의 simple dispersion relation (위에서 언급한 에너지와 wavenumber와의 관계)을 적용 할 수 있다. 하지만 [그림 1-4]에서 볼 수 있듯이, 모든 부분이 parabolic 하지는 않는다. 이러한 non-parabolic한 부분에 대해서는 기존 parabolic 한 모델에 non-parabolic한 정도를 나타내는 coefficient를 추가하여 표현할 수 있다. 아래에 parabolic band 와 non-parabolic band의 dispersion relation과 속도에 대해서 자세히 알아보겠다.

(i) Parabolic band

위에서 얻은 dispersion relation을 다시 써보면,

$$E(\mathbf{k}) = \frac{\hbar^2 |\mathbf{k}|^2}{2m_0^*}$$

이라고 할 수 있다. 여기서 m_0* 는 conduction band의 minima 또는 valence band의 maxima에서의 effective mass이다. 이제 속도를 구해보겠다.

$$\mathbf{v} = \frac{1}{\hbar}\nabla_{\mathbf{k}} E(\mathbf{k}) = \frac{\hbar\mathbf{k}}{m_0^*}$$

속도는 에너지를 wavenumber로 미분하여 얻을 수 있고, 식에서 볼 수 있듯이, effective mass는 미분을 두 번 하여 얻을 수 있다. 또한 위의 식에서 알 수 있듯이 mechanical한 운동량과 결정 내의 운동량은 같다($\hbar \cdot k = m_0^* \cdot v$).

(ii) Non-parabolic band

Non-parabolic band의 dispersion relation은 기존 parabolic model에 non-parabolic model을 추가하는 방식으로 얻을 수 있다.

$$E(\mathbf{k})\left(1+\alpha E(\mathbf{k})\right) = \frac{\hbar^2 |\mathbf{k}|^2}{2m_0^*}$$

α 는 non-parabolic의 정도를 나타내는 coefficient로써 단위는 에너지의 역수이다. 위 식을 정리하여 이차방정식을 풀어서 non-parabolic band의 dispersion relation을 구해보면 다음과 같다.

$$E(k) = \frac{\sqrt{1+\frac{4\alpha\hbar^2|\mathbf{k}|^2}{2m_0^*}} - 1}{2\alpha}$$

위 식을 바탕으로 parabolic band에서 구했던 것과 같은 방법으로 속도를

구해보면,

$$\mathbf{v} = \frac{1}{\hbar}\nabla_k E(\mathbf{k}) = \frac{\hbar\mathbf{k}}{m_0^*}\left(1 + 4\alpha\frac{\hbar^2|\mathbf{k}|^2}{2m_0^*}\right)^{-1/2} = \mathbf{v} = \frac{\hbar\mathbf{k}}{m_0^*[1 + 2\alpha E(\mathbf{k})]}$$

이 된다.

참고로, non-parabolic의 정도를 나타내는 α 는 s-orbital에 영향을 받는 conduction band states와 p-orbital에 영향을 받는 valence band states의 구성 정도에 따라서 달라지며,

$$\alpha = \frac{\left(1 - \frac{m_0^*}{m_0}\right)^2}{E_{gap}}$$

α는 위와 같이 나타낼 수 있다. m_0는 진공에서의 electron mass를 의미하고 E_{gap}은 conduction band와 valence band사이의 bandgap energy이다. 즉, E_{gap}이 작은 물질이거나 effective mass가 큰 물질 일수록 non-parabolic의 정도가 심해진다.

지금까지는 simple모델에 대해서 알아보았다면, 이제는 좀 더 복잡한 electronic band structure의 calculation method에 대해서 알아보겠다. Band structure의 calculation method는 크게 두 가지로 나눌 수 있다.

첫 번째는 Hartree-Fock theory나 density functional theory과 같은

ab initio method이다. 이는 first principle을 통하여 empirical fitting parameter들 없이 electronic structure를 계산하는 방법이다. 이 method는 variational method (variational approach)를 이용하여 many-body system의 ground state energy를 계산할 수 있게 한다(원자 수준). Variational method는 간단하게 말해서, quantum mechanic에서 ground state를 찾을 수 있게 해주는 근사법 중 한 가지이다. 이 방법을 통한 계산은 수 많은 atom의 interaction을 고려하여 수행되어야 하기 때문에 슈퍼컴퓨터의 병렬처리가 필요하다.

*Ab initio method*와 대비되는 두 번째방법은 , empirical method이다. 이 방법의 종류에는,

(1) Orthogonalized Plane Wave (OPW)
(2) Tight-binding method
(3) k ·p method [4],
(4) local (또는 non-local) empirical pseudo potential method (EPM) 이 있다.

위와 같은 방법들은 기본적으로 optical absorption experiment를 통해 얻어진 band-to-band transition과 같은 실험 데이터를 fitting 시키기 위해 empirical parameter들을 포함한다. 즉, many-body system의 electron-electron interaction을 고려하여 계산하는 것이 아닌 one-electron 슈뢰딩거 방정식을 통해 electronic structure가 계산이 되어지기 때문에 ab initio method에 비해 쉽게 band structure를 구할 수 있다.

1-3-2. 결정 내에서의 E-k diagram

Free electron의 E-k diagram은 앞서 언급하였다. 그렇다면, 이 free electron이 결정 내에 존재할 때의 E-k diagram은 어떻게 될까? 물리적으로 자세히 알아보기 위해 결정 내의 입자를 simple one-dimensional periodic potential 상태라고 가정하고 시작해보자.

Kronig-Penny model을 통해 simple one-dimensional periodic potential 상태에서의 energy band와 energy band gap을 구현할 수 있다.

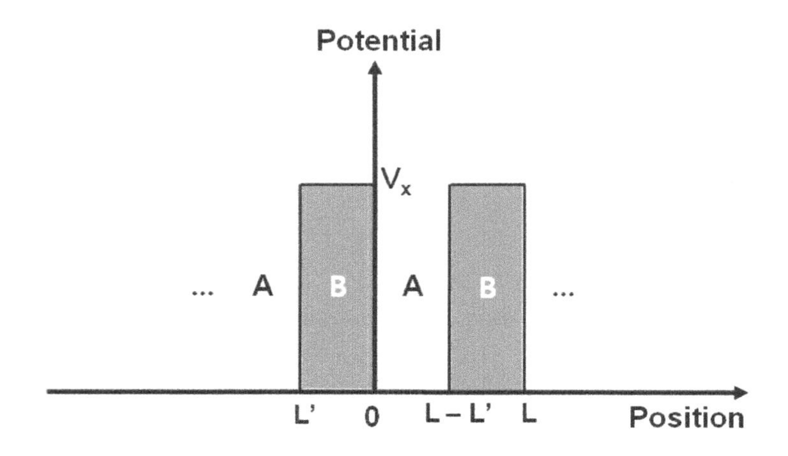

[그림 1-5] Kronig-Penny model에서의 one-dimensional periodic potential을 나타낸 그림

[그림 1-5]에 나와있듯이, Kronig-Penny model은 사각형의 potential barrier (potential의 크기는 V_X, potential barrier의 width는 L', potential barrier 사이의 거리는 L-L')가 무한히 이어져 있다. 즉 L의 주기를 갖는 potential barrier이다. 위의 조건에서 슈뢰딩거 방정식을 풀고 나온 Bloch function은 다음 식을 만족할 때 k와 energy를 구할 수 있다.

$$F = cos(kL) = \frac{k^2 - k'^2}{2kk'} sinh(kL') sinh(k'L) + cosh(kL') cosh(k'L)$$

이며,

$k = \frac{\sqrt{2m(V_x - E)}}{\hbar}$ 이고, $k' = \frac{\sqrt{2mE}}{\hbar}$ 이다.

위의 식을 풀어 아래의 두 그래프를 얻을 수 있다.

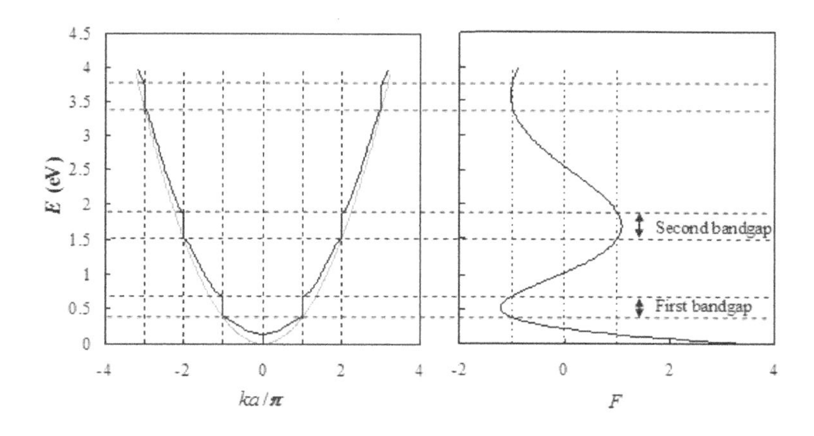

[그림 1-6] Kronig-Penney model의 솔루션을 통해 얻은 E-k diagram(왼쪽)과 E-F diagram

위의 [그림 1-6]을 보면, 오른쪽 그림에서 F는 코사인함수이고 범위는 -1 부터 1이어야 한다. 즉, 오른쪽 그림에서 -1과 1을 넘는 범위는 존재할 수 없다. 이 부분이 band gap energy가 되고 이 부분을 고려한 결정 내의 free-electron의 E-k diagram은 왼쪽의 검정색 선과 같다(왼쪽 그림에서 연두색 선은 자유 공간 내 free-electron의 E-k diagram을 나타낸다).

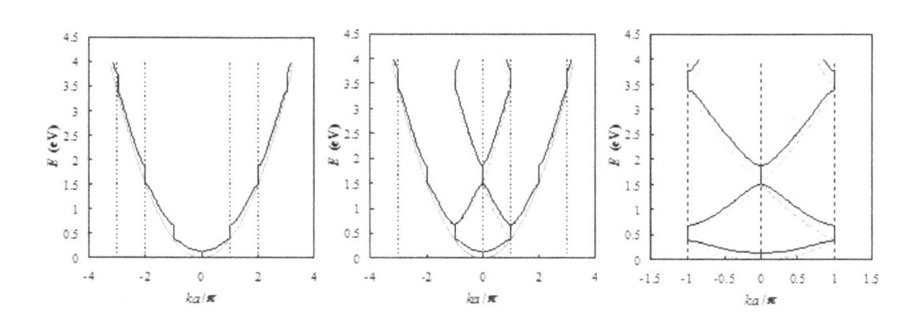

[그림 1-7] 결정 내 free electron의 (왼쪽) 전체 E-k diagram, (가운데) 전체 E-k diagram과 reduced-zone E-k diagram 이 함께 들어가있는 plot, (오른쪽) reduced-zone E-k diagram

앞에서 언급한 energy vs. position의 그래프는 일반적으로 우리가 반도체의 특성을 쉽게 알아 볼 수 있는 plot이지만, 이 plot을 통해서는 결정 내의 electron에 대해서 알 수 있는 것의 한계가 있다. 즉, 좀 더 정확하고 파동적인 특성을 알기 위해서는 energy vs. wavevector의 특성이 필요하다. 이를 구하기 위해서는 우리가 알고 있는 일반적인 space를 reciprocal space로 바꿔야 한다. 즉, 현실 세계의 lattice를 reciprocal lattice로 바꾸어야 한다는 의미이다. 바꾸는 방법에 대해서는 언급하지 않겠다(Kittel, Introduction to Solid State Physics, 8th 참고). 일반적인 lattice가 periodic하기 때문에 reciprocal lattice도 periodic 하고, 이 중 반복되는 가장 작은 영역을 first Brillouin zone이라고 한다. First Brillouin zone 안에서의 특성은 계속 반복되기 때문에 우리는 이 first Brillouin zone만 보면 된다. [그림 1-7]의 왼쪽 그래프는 전체 E-k diagram이고, 가운데 그래프는 전체 E-k diagram과 reduced-zone E-k diagram이 함께 들어가 있는 그래프이다. 여기서 reduced-zone E-k diagram은 전체 E-k diagram을 first Brillouin zone 만 볼 수 있게 축소시켜놓은 그래프이다. 마지막으로 오른쪽 그래프는 reduced-zone E-k diagram만 나와있는 그래프이다.

1-3-2-1. Direct bandgap and indirect bandgap semiconductors

앞의 simple energy band diagram of semiconductors 부분에서 잠깐 언급했던 것과 같이 conduction band의 최소값과 valence band의 최대값이 같은 wavenumber를 갖는 반도체를 direct semiconductor, 다른 wavenumber를 갖는 반도체를 indirect semiconductor라고 한다. ([그림 1-8] 참고)

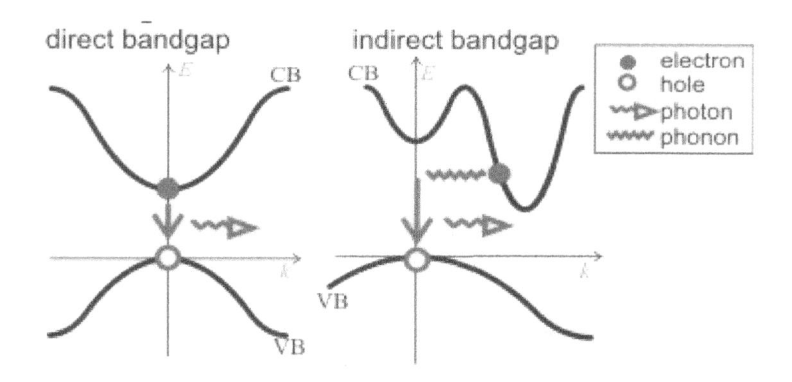

[그림 1-8] direct bandgap과 indirect bandgap을 나타낸 그림

위 그림의 왼쪽은 direct bandgap을 나타낸 그림이다. 위에서는 conduction band의 최소값과 valence band의 최대값이 같은 wavenumber를 갖는 반도체라고 했는데, 다시 말해서 wavenumber는 운동량과 비례하기 때문에 electron (또는 hole)의 운동량의 변화가 없다고 해도 무방하다. Direct bandgap 반도체는 bandgap에너지만큼의 photon 에너지로 쉽게 electron-hole pair (EHP)를 만들 수 있다. 하지만 indirect bandgap 반도체의 경우는 photon의 에너지 뿐만 아니라 phonon이라 불리는 lattice의 vibration 에너지도 고려해주어야 한다. 예를 들어 [그림 1-8]의 왼쪽을 보면, recombination의 경우 electron이 에너지를 잃고 conduction band에서

valence band로 photon을 방출하면서 transition이 일어나는 그림이다(반대의 상황은(generation의 경우) photon에 의해 에너지를 얻어서 valence band에 있던 전자가 conduction band로 transition이 일어나는 것이다). 여기에는 photon만이 관여되어 있다. 하지만 indirect bandgap의 경우는, [그림 1-8]의 오른쪽을 보면, generation 혹은 recombination이 일어나기 위해서는 electron이 phonon과 photon에 의해 관여 되어야 한다. 즉, phonon (열에너지)에 의해 운동량의 변화가 생긴다. Direct bandgap 반도체는 electron과 hole이 recombination 일어나면서 indirect bandgap 반도체보다 훨씬 효율적으로 photon을 방출하기 때문에 LED나 laser와 같은 optical device에 쓰이고, 그 종류에는 GaAs, InP, CdS 등이 있다. Indirect bandgap 반도체는 메모리 소자나 로직 소자에 쓰이며, 그 종류에는 우리가 자주 접하는 silicon, germanium 등이 있다.

1-3-3. 유효 질량 (effective mass)

반도체 내에는 셀 수 없이 많은 electron이 존재하고 각 electron들이 다른 electron과 상호작용을 하고 있기 때문에, single electron의 mass와 반도체 내의 electron의 mass는 다를 수 밖에 없다. 따라서 이를 수식적으로 표현하기 위한 질량으로 바꿔줘야 하는데 이를 effective mass라고 하고, 일반적으로 m* 이라고 쓴다. 좀 더 쉽게 설명하면, 일반 대기 중에서 물건을 들었을 때 느끼는 물건의 무게와 물 속에서 물건을 들었을 때 느끼는 물건의 무게는 다르게 느껴진다. 따라서 물 속에서 물건을 들었을 때를 일반 대기 중에서 물건을 들었을 때로 환산하여 무게를 표현한 것을 effective mass라고 할 수 있다. Effective mass는 다음과 같이 구할 수 있다.

$$\mathrm{F} = \hbar\frac{dk}{dt} = m^*\frac{dv}{dt} = m^*\frac{d}{dt}\left(\frac{d\omega}{dk}\right) = \frac{m^*}{\hbar}\frac{d}{dt}\left(\frac{dE}{dk}\right)$$

$$\left(\omega = \frac{2\pi E}{h}\ ,\ \ v = \frac{d\omega}{dk}\right)$$

이므로,

$$\frac{1}{m^*} = \frac{1}{\hbar^2} \times \frac{d^2E}{dk^2}$$

가 된다.

추가로, 대부분의 반도체는 k = 0인 곳에서 하나의 band minimum을 갖고, k ≠ 0에서 여러 개의 band minima를 갖는다. 또한, valence band 근처에서 3개의 band maxima를 갖는다. Silicon의 경우를 살펴보자.

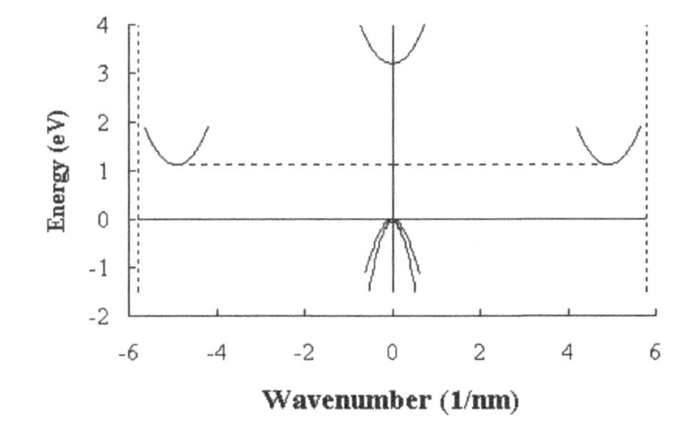

[그림 1-9] (100) direction을 갖는 silicon의 E-k diagram

[그림 1-9]는 (100) direction을 갖는 silicon의 E-k diagram이다. 우선 silicon의 경우 k = 0인 지점에서 한 개의 minimum 값을 갖고, k ≠ 0 인

지점에서 두 개의 minima 값을 갖는다. 하지만 equivalent minima를 다 합치면 6개가 되고, 각각의 좌표는 k = (m, 0, 0), (−m, 0, 0), (0, m, 0), (0, −m, 0), (0, 0, m), (0, 0, −m)가 된다. m 값은 약 $5nm^{-1}$ 이다. k ≠ 0 인 지점의 minimum 값은 1.12 eV 이고, 이 값이 전체 minima 값들 중에 가장 작은 값이기 때문에 우리가 일반적으로 알고 있는 bandgap energy가 된다. 또한 k = 0 인 지점에서의 minimum 값은 3.2eV 이고, 이 값은 1.12eV 보다 크기 때문에 generation이나 recombination이 잘 일어나지 않는다.

이번엔 silicon의 effective mass에 대해서 알아보자. 첫째로, [그림 1-9]와 같은 band minima의 effective mass 는 다음과 같이 세 개로 구성된다. (100) 방향을 갖는 하나의 longitudinal electron mass (m_{el}) 와 (100) 방향의 수직 방향인 두 개의 transverse electron mass (m_{et}) 로 이루어져 있다. m_{el}의 값은 $0.98m_0$이고, m_{et}의 값은 $0.19m_0$이다. m_0는 free electron의 mass로 그 값은 9.11×10^{-31} kg 이다.

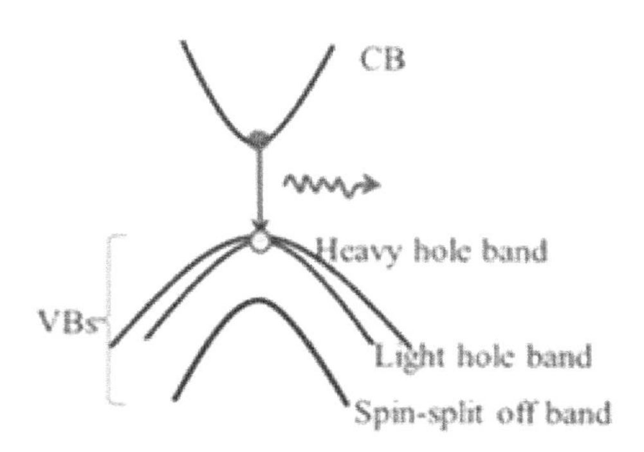

[그림 1-10] (100) direction을 갖는 silicon의 E-k diagram 중 valence band 확대

둘째로, band maxima에 대해서 보면, 세 개의 band maxima 중 두 개의 band maxima는 k = 0이고 0eV의 에너지를 갖는다. 그 두 개의 maxima는 각각 light hole, heavy hole이라고 불리는데, [그림 1-10]에서 보이는 두 개의 maxima중 위의 band가 heavy hole이고 아래의 band가 light hole이다. 마지막으로 더 아래에 있는 band가 spin-split off band인데 이는 -0.044eV의 에너지를 갖는다. Heavy hole의 effective mass는 $0.46m_0$이고, light hole의 경우 effective mass는 $0.19m_0$이다. Spin-split off band의 hole의 경우 $0.29m_0$이다([표 1] 참고).

[표 1] silicon과 germanium effective mass 값들

Band maximum at k = 0 (Heavy hole)

	Silicon	*Germanium*
Band minimum at k = 0		
Minimum energy [eV]	3.2	0.8
Effective mass	0.2	0.041
Band minimum at k ≠ 0		
Minimum energy [eV]	1.12	0.66
Longitudinal effective mass	0.98	1.64
Transverse effective mass	0.19	0.082
Band maximum at k = 0 (Heavy hole)		
Effective mass	0.49	0.28
Band maximum at k = 0 (Light hole)		
Effective mass	0.16	0.044
Band maximum at k = 0 (Split-off hole)		
Split-off band energy	-0.044	-0.028
Effective mass	0.29	0.084

2 Carrier Dynamics

2-1. Carrier drift

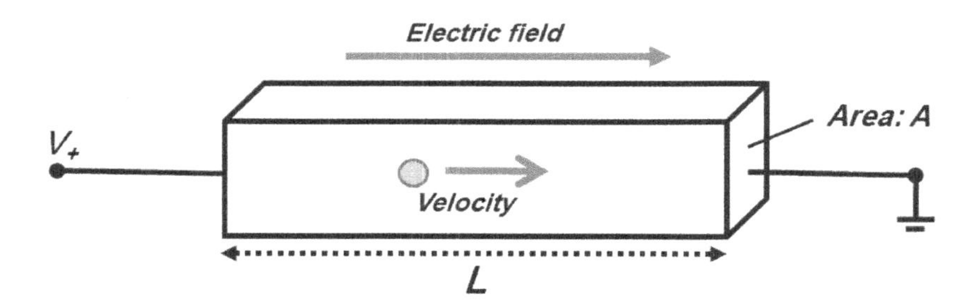

[그림 1-11] Electric field가 가해졌을 때 반도체 내에서의 carrier의 drift를 나타낸 그림

Carrier transport의 종류를 크게 나누면 2가지가 있다. 하나는 drift이고 하나는 diffusion이다. 이번 part에서는 carrier의 drift에 대해서 알아보겠다.

[그림 1-11]은 외부에서 electric field가 가해졌을 때 반도체 내부의 carrier가 어떻게 움직이는지 나타낸 그림이다. 위의 그림의 carrier는 그냥 정지되어 있는 상태로 그렸는데, 실제의 움직임은 아래의 [그림 1-12]와 같다.

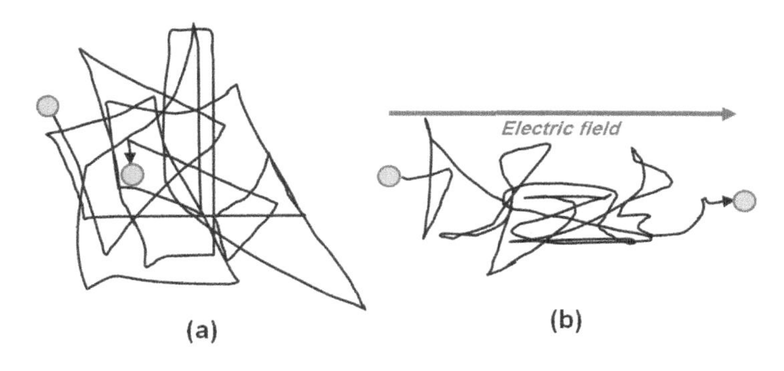

[그림 1-12] 결정 내에서의 carrier의 움직임.
(a)는 electric field가 없을 때, (b)는 electric field가 있을 때를 나타낸다.

[그림 1-12]의 (a)는 electric field가 없을 때의 carrier의 움직임을 나타낸 그림이다. carrier는 일정한 규칙 없이 무작위로 움직인다. 그 이유는 carrier의 thermal energy 때문이다. 하지만 electric field가 가해졌을 때는 carrier가 불규칙하게 움직이기는 하지만, 그래도 electric field의 방향에 맞게 움직인다. 다시 말해서, net motion은 electric field의 방향을 따라간다. 만약 carrier가 electron이라면 electric field의 반대되는 방향으로 움직일 것이고, hole이라면 electric field와 같은 방향으로 움직일 것이다.

좀 더 정량적으로 접근해보자. 전류를 정의에 따라 구해보면 다음과 같다.

$$I_{drift} = \frac{Q}{t} = \frac{Q}{L/v}$$

L은 반도체의 길이고 v는 carrier의 속도, t는 carrier가 L만큼 가는데 걸린 시간이다. 반도체 내부에 positive charge를 띄는 hole과 negative charge를 띄는 electron이 있고, 따라서 I_{drift}는

$$I_{drift} = I_{electron(n),drift} + I_{hole(p),drift}$$

과 같다.

이를 Current density, J로 표현하면 J = I/A 이다. 다시 써보면,

$$J = \frac{I_{drift}}{A} = \frac{Q}{vol} \cdot v = \rho \cdot v$$

이다. ρ 는 단위 부피 당 charge이고, vol은 전체 부피를 나타낸다. 만약에 carrier가 negative charge를 띄는 electron이면,

$$J = \rho \cdot v = -q \cdot n \cdot v$$

이고, positive charge를 띄는 hole이라면,

$$J = \rho \cdot v = q \cdot p \cdot v$$

가 된다. n과 p는 각각 반도체 내에서의 electron과 hole의 density를 나타낸다.

$$F = q\mathcal{E} - m\frac{< v >}{t_s} = m\frac{d < v >}{dt}$$

앞의 [그림 1-12]의 (b)와 같이 carrier의 움직임을 하나하나 예측하기는 힘들기 때문에, 우리는 이제부터 평균속도, 〈v〉의 개념을 쓰겠다. Electric field에 의해 받는 반도체 내부의 힘은 다음과 같이 쓸 수 있다.

$$q\mathcal{E} = m\frac{<v>}{t_s} + m\frac{d<v>}{dt}$$

q는 carrier의 charge, m은 mass, $\mathscr{E}$는 electric field, 그리고 t_s는 scattering과 scattering 사이의 시간이다. 위 식의 등호의 오른쪽 부분은 electrostatic force와 scattering force로 이루어져있다. Scattering force 는 momentum을 scattering이 일어나는 사이의 시간, t_s로 나눈 값이고 위의 식을 다시 정리하면 아래와 같이 쓸 수 있다.

$$q\mathcal{E} = m\frac{<v>}{t_s} + m\frac{d<v>}{dt}$$

우리는 steady-state 상황을 고려하기 때문에 carrier는 이미 가속되었을 것이고 결국엔 일정한 평균속도에 도달 하게 될 것이다. 즉, 우리는 가속도를 무시할 수 있다. 즉, 식은

$$q\mathcal{E} = m\frac{<v>}{t_s}$$

이 될 것이고, 다시 정리해서 쓰면 아래와 같다.

$$\mu \triangleq \frac{|<v>|}{|\mathcal{E}|} = \frac{qt_s}{m}$$

μ 는 mobility이고, $\mathscr{E}$는 electric field 이다. m과 t_s는 위에서 언급하였다. Steady-state 상황에서, mobility는 평균속도와 electric field로 정의할

수 있다. 즉, 위의 식 중,

$J = \rho \cdot v = -q \cdot n \cdot v$ 와 $J = \rho \cdot v = q \cdot p \cdot v$를 다시 쓰면,

electron의 경우,

$$J = -q \cdot n \cdot \mu \cdot \mathcal{E}$$

가 되고, hole의 경우,

$$J = q \cdot p \cdot \mu \cdot \mathcal{E}$$

가 된다.

또한, 실제 반도체내에서는 무수히 많은 electron들이 있기 때문에 mass는 free particle mass가 아닌 effective mass를 써야 한다. 따라서 mobility를 아래와 같이 다시 써야 한다.

$$\mu \triangleq \frac{|\langle v \rangle|}{|\mathcal{E}|} = \frac{qt_s}{m^*}$$

m*는 effective mass이다. 위의 mobility 식을 보면, mobility 식은 scattering event에 관련이 있다. 아래의 part에서는 scattering에 대해서 알아보기로 한다. Scattering은 간단히 말해서 particle끼리 부딪혀서 particle의 방향이나 에너지가 변하는 것을 의미한다. 다양한 scattering 종류에 대해서 알아보겠다.

2-1-1. Impurity scattering

Impurity란 반도체 내의 foreign atom을 의미한다. 보통 ion implantation 공정을 통하여 외부에서 주입시켜준다. 주입된 impurity들은 (donor, acceptor) 이온화 되어 charge를 갖는다.

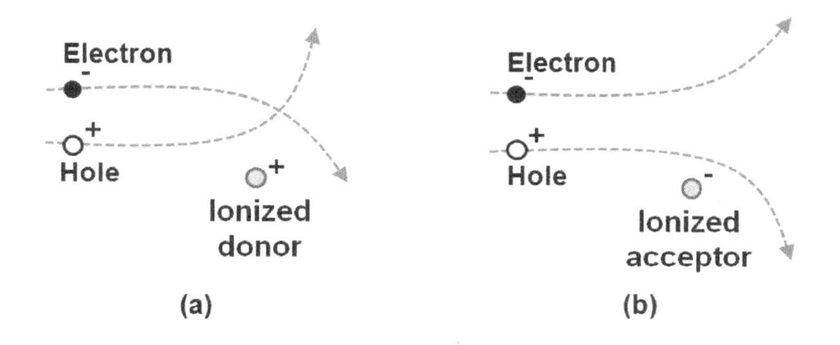

[그림 1-13] donor와 acceptor에 따른 impurity scattering을 나타낸 그림

[그림 1-13]의 (a) 에서 볼 수 있듯이, electron은 이온화 된 donor를 만나면 인력이 발생하여 donor 쪽으로 휘게 되고, hole은 donor를 만나면 척력이 발생하여 밀려나게 된다. 이와는 반대로 (b) 에서는 electron과 이온화 된 acceptor가 만나면 척력으로 인해 밀려나고, hole과 이온화 된 acceptor가 만나면 인력으로 인해 휘게 된다. Electron과 hole과 같은 carrier들의 속도가 빠르면 더 심하게 휘어지게 된다. 또한 doping 농도가 진하면 scattering이 일어날 수 있는 확률이 증가한다. 다시 말해서 carrier의 충돌간의 mean free time이 줄어들어 mobility가 감소하게 된다. 또한, impurity scattering에 의한 mobility 변화는 $T^{3/2}/N$ (N은 impurity들의 density, T는 온도)에 비례한다.

2-1-2. Lattice scattering (Phonon scattering)

Lattice scattering은 lattice들의 진동운동에 의해서 생기는 scattering이다. Phonon scattering이라고도 한다. 결정내의 lattice의 양자화된 진동을 phonon이라 하고 종류에는 acoustic phonon과 optical phonon이 있다. 좀 더 자세히 말해서, 물질 내에서 에너지가 local하게 높아지면 lattice들이 마치 파동과 같이 주변에 에너지를 전달하게 되는데 이러한 파동을 입자의 형태로써 정량화 한 것이 phonon이다. 이러한 phonon은 온도가 올라갈수록 density가 증가하게 되어 scattering time을 감소시킨다. 그 결과 mobility가 감소하게 된다. 이론적인 계산을 통해서 알아보면, silicon이나 germanium 같은 non-polar semiconductor는 mobility가 acoustic phonon과의 interaction에 의해서 결정된다. 그 결과 mobility α $T^{-3/2}$와 같은 관계를 갖는다(optical phonon과의 interaction이 주로 일어나는 물질에서는, mobility α $T^{-1/2}$의 관계를 갖게 된다).

2-1-3. Surface scattering

Surface scattering이란, 한 물질의 mobility가 다른 물질 혹은 물질과 물질 사이의 계면 영향 때문에 영향을 받는 현상을 뜻한다. 만약에 이러한 계면과 약간 떨어져 있다고 할 지라도 wavefunction이 수 nm정도는 extend 되기 때문에 영향이 완전히 없다고는 할 수 없다. 즉 net mobility는 인접한 layer의 영향까지 고려한 mobility가 되어야 한다. 예를 들어, MOSFET의 inversion layer 내 carrier mobility는 bulk부분의 mobility보다 세 배정도 작은데, 그 이유 중 하나가 amorphous하게 길러진 silicon oxide의 영향 때문이다.

2-2. Carrier mobility & conductivity

반도체 내부에서의 전류 흐름이나 conductivity 혹은 resistivity를 결정짓는 가장 중요한 factor가 mobility이다. 이번 part에서는 mobility와 conductivity에 대해서 자세히 알아보자.

2-2-1. Doping dependence of carrier mobility

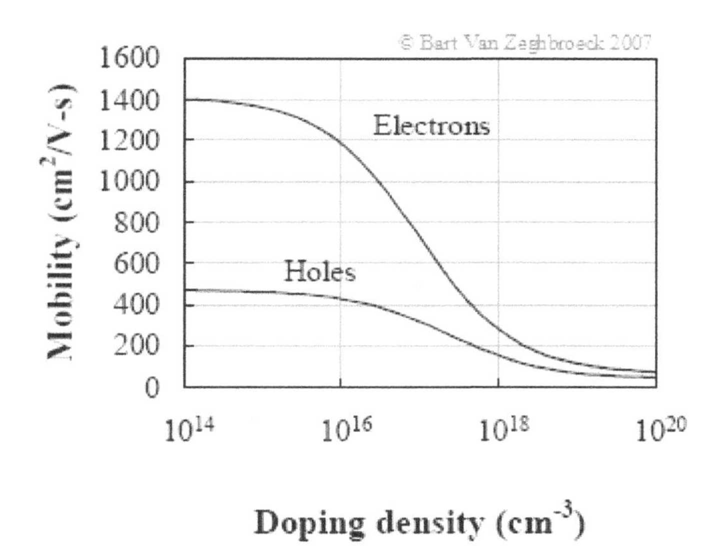

[그림 1-14] Electron과 hole의 doping density에 따른 mobility의 변화

[그림 1-14]는 electron과 hole의 doping density에 따른 mobility의 변화를 나타낸 그래프이다. Electron은 phosphorus로 도핑한 silicon에서, hole은 boron으로 도핑한 silicon으로부터 얻었다. Electron과 hole의 mobility 변화 추세는 비슷하다. Doping 농도가 낮을 때에는 mobility는

phonon scattering이 dominant하고, doping 농도가 높아짐에 따라 ionized impurity scattering이 증가하기 때문에 mobility는 감소한다.

도핑농도에 따른 mobility의 변화는 다음 식에 따른다. 이 식은 empirical equation이다.

$$\mu = \mu_{min} + \frac{\mu_{max} - \mu_{min}}{1 + (\frac{N}{N_r})^{\alpha}}$$

μ_{min}, μ_{max}, α, N_r은 fitting parameter이다. 밑에 나올 [표 2]와 [표 3]은 각각 dopant들의 종류에 따른 fitting parameter (μ_{min}, μ_{max}, α, N_r)의 값과 다양한 dopant의 doping농도에 따른 mobility의 값이 표기 되어 있다.

[표 2] Dopant의 종류에 따른 μ_{min}, μ_{max}, α, N_r의 값들

	Arsenic	Phosphorous	Boron
$\mu_{min}(cm^2/V\text{-}s)$	52.2	68.5	44.9
$\mu_{max}(cm^2/V\text{-}s)$	1417	1414	470.5
α	0.68	0.711	0.719
N_r (cm^{-3})	9.68×10^{16}	9.20×10^{16}	2.23×10^{17}

[표 3] 다양한 dopant의 doping농도에 따른 mobility 값들

N	Arsenic μ_n $(cm^2/V\text{-}s)$	Phosphorous μ_n $(cm^2/V\text{-}s)$	Boron μ_p $(cm^2/V\text{-}s)$
10^{15} cm^{-3}	1359	1362	462
10^{16} cm^{-3}	1177	1184	429
10^{17} cm^{-3}	727	721	317
10^{18} cm^{-3}	284	277	153
10^{19} cm^{-3}	108	115	71

2-2-2. Conductivity

위에서 구한 mobility를 바탕으로 물질의 conductivity를 구해보자. 물질의 conductivity는 current density를 인가한 electric field로 나눈 것으로 정의 한다(conductivity의 역수는 resistivity임). 앞에서 언급한 drift 식을 다시 보자. Total drift current density, J_{Total}은 다음과 같다.

$$J_{Total} = q \cdot n \cdot \mu_n \cdot \mathcal{E} + q \cdot p \cdot \mu_p \cdot \mathcal{E} = q \cdot (n \cdot \mu_n + p \cdot \mu_p) \cdot \mathcal{E}$$

즉, 정의에 따라 물질의 conductivity, σ 는

$$\sigma \triangleq \frac{J_{Total}}{\mathcal{E}} = q \cdot (n \cdot \mu_n + p \cdot \mu_p)$$

이다. Resistivity, ρ 는 conductivity의 역수이므로 다음과 같이 표현할 수 있다.

$$\rho = \frac{1}{\sigma} = \frac{1}{q \cdot (n \cdot \mu_n + p \cdot \mu_p)}$$

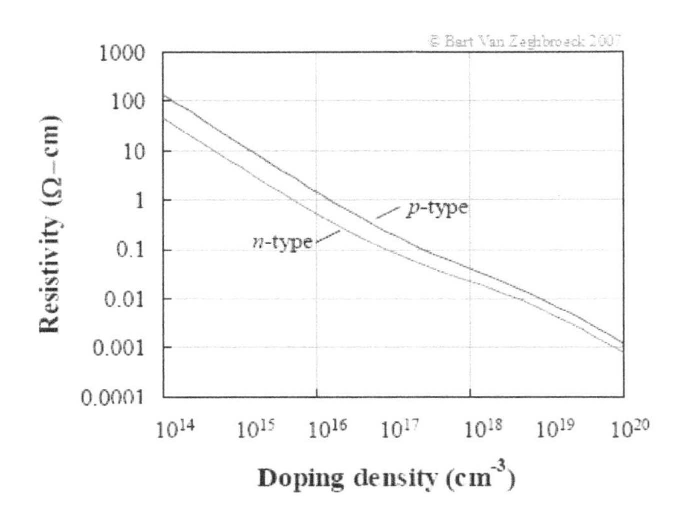

[그림 1-15] Doping농도에 따른 resistivity의 변화

2-3. Velocity saturation

$$\mu \triangleq \frac{|<v>|}{|\mathcal{E}|} = \frac{qt_s}{m^*}$$

위의 식을 보면, electric field와 velocity는 linear한 관계이다. 하지만 이 관계도 electric field가 강하면 깨지게 된다. Electric field가 강해지면, average carrier velocity와 energy 모두 증가하게 된다. Carrier의 average energy가 optical phonon energy 보다 커지게 되면, optical phonon의 방출 확률이 급격히 증가하게 된다. 즉,쉽게 말하여 carrier가 lattice와의 interaction에 의해 에너지를 잃게 되고, 결국 이런 mechanism에 의해 electric field가 증가함에 따라 carrier velocity가 saturation 된다. [그림 1-16]은 velocity saturation을 나타내는 그래프이다.

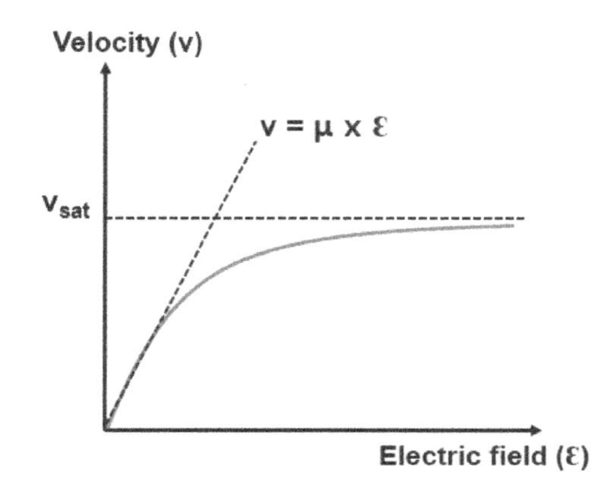

[그림 1-16] Velocity와 electric field 와의 관계를 나타낸 그래프, V_{sat}은 electric field가 증가함에 따라 saturation된 velocity를 나타냄

Velocity와 electric field의 관계를 다음과 같이 표현할 수 있다.

$$v(\mathcal{E}) = \frac{\mu\mathcal{E}}{1 + \frac{\mu\mathcal{E}}{v_{sat}}}$$

위에서의 v_{sat}은 물질에서 얻을 수 있는 가장 높은 velocity이다. v_{sat}은 다음과 같이 표현 할 수 있다.

$$v_{sat} = \sqrt{\frac{2E_{phonon}}{m^*}}$$

위의 E_{phonon}은 optical phonon energy를 의미한다. 즉, 작은 effective mass를 갖거나 높은 optical phonon energy를 갖는 물질은 saturation velocity가 높다. 참고로 GaAs나 InP와 같은 물질의 velocity saturation 해석은 복잡하며 위의 [그림 1-16]과도 형태가 다르다. 그 부분에 대해서는 여기서 다루지 않겠다.

2-4. Carrier diffusion

Carrier diffusion은 carrier drift와 함께 carrier 이동의 주된 mechanism이다. Carrier diffusion은 thermal energy, kT (k는 Boltzmann 상수, T는 온도)에 의하여 electric field가 없어도 random하게 생기는 움직임에서부터 출발한다. 만약 농도의 gradient가 생기게 되면 random하게 움직이던 carrier들이 농도가 높은 곳에서부터 농도가 낮은 곳으로 움직이게 된다. Diffusion은 thermal energy에 기반한 움직임이기 때문에 온도가 0 K에서는 diffusion이 없다.

Carrier의 diffusion에 의한 current를 식을 통해 좀 더 자세히 알아보자. 쉽게 이해하기 위해서 1차원에서의 농도변화를 바탕으로 식을 전개하겠다. 우선 용어를 정의해보자. V_T는 thermal velocity, t_C는 collision time, l은 mean free path이다. Thermal velocity는 carrier가 양의 방향 또는 음의 방향으로 움직였을 때의 average velocity를 의미하고, collision time은 충돌하는데 까지 걸리는 시간, mean free path는 충돌 사이에 carrier가 이동한 평균 길이를 의미한다. 따라서 $V_T = l/t_C$라고 표현 할 수 있다.

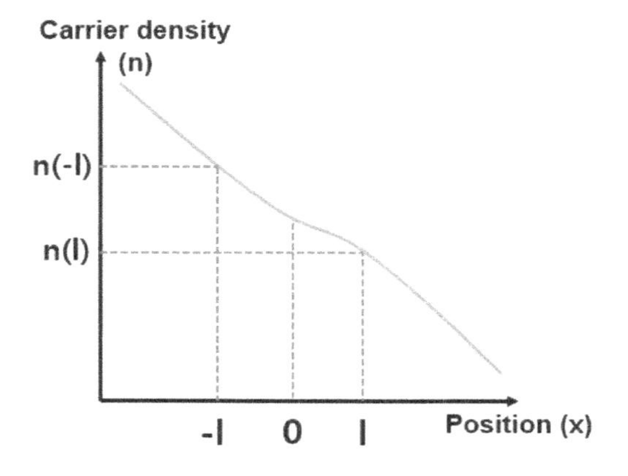

[그림 1-17] 반도체 내의 위치에 따른 carrier density를 나타낸 그래프

[그림 1-17]은 위치에 따른 carrier density의 변화를 나타낸 그래프이다. 우선 위치 -l에서의 농도는 n(-l)이고 위치 l에서의 농도는 n(l)이다. 우리가 알아볼 농도는 위치 0에서의 carrier 농도이다. Flux의 개념을 도입하여 -l에서 0으로 가는 flux와 l에서 0으로 가는 flux의 합으로써 0에서의 전체 flux를 구할 수 있다. 이는 다음과 같다.

$$\Phi_{n,-l\to0} = \frac{1}{2}V_T\, n(-l)$$

$$\Phi_{n,l\to0} = \frac{1}{2}V_T\, n(l)$$

위의 두 식은 -l에서 0으로 가는 flux와 l에서 0으로 가는 flux에 대한 식이다. 각각 1/2이 붙어있는 이유는 -l또는 l에서 오른쪽으로도 갈 수 있고 왼쪽으로도 갈 수 있기 때문에 한쪽으로 가는 flux의 확률을 표현하기 위해서 1/2을 붙여주었다.

$$\Phi_n = \Phi_{n,-l\to l} - \Phi_{n,l\to-l} = \frac{1}{2}V_T\{n(-l) - n(l)\}$$

위 식은 0에서의 전체 flux를 나타낸 식이다. 위 식을 약간 변형해서 다시 쓰면,

$$\Phi_n = -lV_T\frac{\{n(l) - n(-l)\}}{2l} = -lV_T\frac{dn}{dx}$$

이고, flux를 이용해서 current density를 구해보면,

$$J_n = -q\Phi_n = qlV_T\frac{dn}{dx}$$

라고 할 수 있다. 또한 이 식을 l이나 V_T없이 하나의 parameter (diffusion constant, D_n 이라고 부름)로 바꿔서 쓰면,

$$J_n = qD_n \frac{dn}{dx}$$

이라 할 수 있다. 위는 -q를 이용하여 electron을 나타낸 경우라면, hole의 경우는,

$$J_p = -qD_p \frac{dp}{dx}$$

이다.

위에서 언급한 diffusion constant, D_n에 대해서 얘기해보자. D_n은 l과 V_T의 곱으로 이루어져있다. Thermodynamics에서 electron은 thermal energy를 갖는데 그 에너지는 각 degree of freedom당 kT/2이다. 이를 식으로 쓰면,

$$E = \frac{kT}{2} = \frac{m^* v_T{}^2}{2}$$

가 된다. l과 V_T의 곱인 diffusion constant를 다시 써보면,

$$D_n = l v_T = v_T{}^2 t_c = \frac{m^* v_T{}^2}{q} \frac{q t_c}{m^*} = \frac{kT}{q} \mu_n$$

가 된다. 따라서, electron의 경우

$$D_n = \frac{kT}{q}\mu_n$$

, hole의 경우

$$D_p = \frac{kT}{q}\mu_p$$

를 얻을 수 있다. 이를 Einstein relationship이라 한다. 즉, diffusion constant와 mobility의 비율은 항상 thermal voltage, kT와 같다.

2-5. Total current

위에서 구한 drift current와 diffusion current의 합이 각 carrier의 total current이다. 정리하여 다시 쓰면, electron의 total current density는

$$J_n = qn\mu_n\mathcal{E} + qD_n\frac{dn}{dx}$$

, hole의 total current density는

$$J_p = qp\mu_p\mathcal{E} - qD_p\frac{dp}{dx}$$

이다. 즉, 모든 carrier의 total current는

$$I_{total} = A(J_n + J_p)$$

이다. (A는 area를 의미함)

References

[1-1] G. E. Moore, Proceeding of the IEEE, Jan. 1998.

[1-2] (2013). International Technology Roadmap for Semiconductors (ITRS), ITRS, Denver, CO, USA [Online]. Available: http://public.itrs.net/

[1-3] Principles of Semiconductor Devices by Bart Van Zeghbroeck

[1-4] http://apachepersonal.miun.se/~gorthu/halvledare/Energy%20bands.htm

[1-5] http://article.sciencepublishinggroup.com/html/10.11648.j.ajop.20150305.14.html

Gate Stack Technology

2

1 Gate stack 기술 발전

Modern CMOS의 performance는 주로 물리적인 scaling을 통해서 진보되어져 왔다. 그 중, 특히, gate length와 더불어 gate oxide의 두께와 junction depth는 short channel effect (SCE) 를 줄이기 위하여 scaling 되어 왔다.

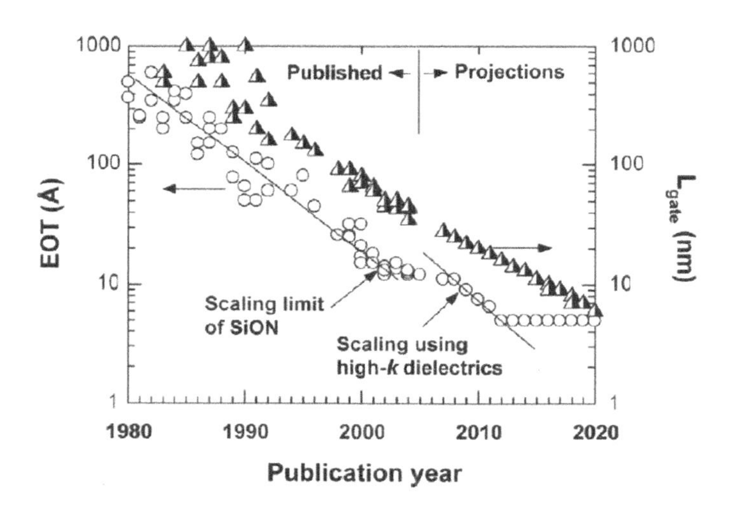

[그림 2-1] 연도에 따른 equivalent oxide thickness (EOT)와 gate length를 나타낸 그림

Gate oxide의 두께는 각각의 technology generation이 지날 때 마다 0.75배 감소 되어 왔다. 그러나, 2000년도 초반, 다양한 기술적인 한계로 인해 gate oxide 두께는 그 동안의 발전속도에 비해 점점 느려지게 되었고 결국 한계에 부딪히게 되었다([그림 2-1] 참고). 좀 더 자세히 살펴보면, CMOS device의 performance를 높이기 위해서 gate oxide의 두께를 지속적으로

scaling 시켰다. 그 이유는 아래의 식에서 확인할 수 있다.

$$I_D \propto Charge \times Velocity \propto C_{OX}(V_{GS} - V_{TH}) \times Velocity$$

V_{GS}는 gate voltage, V_{TH}는 threshold voltage를 나타낸다. 따라서 gate oxide (SiO_2)의 두께를 scaling 시키면 C_{OX}가 커지기 때문에 같은 전압을 걸어도 더 큰 전류를 얻을 수 있다. 하지만 계속 되는 gate oxide의 scaling 때문에 두께는 atomic layer 몇 층 정도로 매우 얇아졌고, 그에 따른 leakage current, dopant penetration (poly-silicon gate에 의해 야기됨), dielectric breakdown, gate oxide defect, oxide film의 nonuniformity, reliability 문제 등이 생기게 되었다. 특히 gate leakage current가 급격히 증가하여 chip의 과도한 power consumption 문제를 야기하게 된다 ([그림 2-2] 참고). 이번 chapter에서는 주로 gate oxide 및 gate electrode와 관계되며 performance의 증가에 큰 역할을 하는 gate stack technology 기술이 직면한 한계 및 새로운 물질을 이용한 gate stack 기술 그리고 현재의 gate stack 기술에 대해서 얘기하겠다.

2 Gate stack 기술이 직면한 한계 및 해결 방안

2-1. Gate stack 기술이 직면한 한계 (Gate leakage current)

Gate oxide 물질인 SiO_2의 두께가 계속 scaling되면서 생기는 가장 큰 문제는 gate direct tunneling에 의한 gate leakage current이다([그림 2-2], [그림 2-3] 참고). (Polysilicon gate depletion이나 boron penetration과 같은 문제도 있으나, 이 chapter에서는 gate leakage current 문제에 대해서만 집중적으로 다루겠다.)

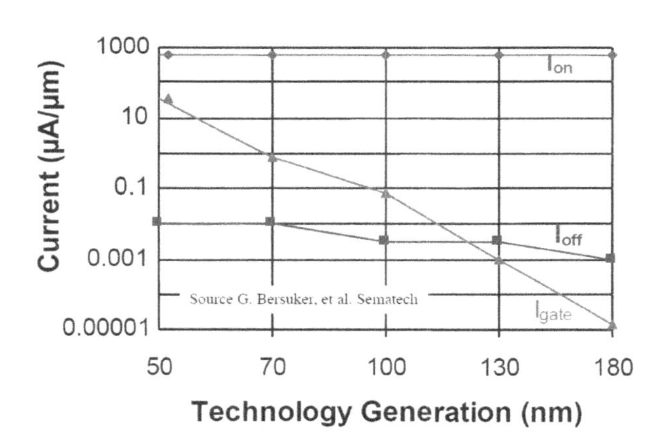

[그림 2-2] Gate leakage current를 나타낸 그림

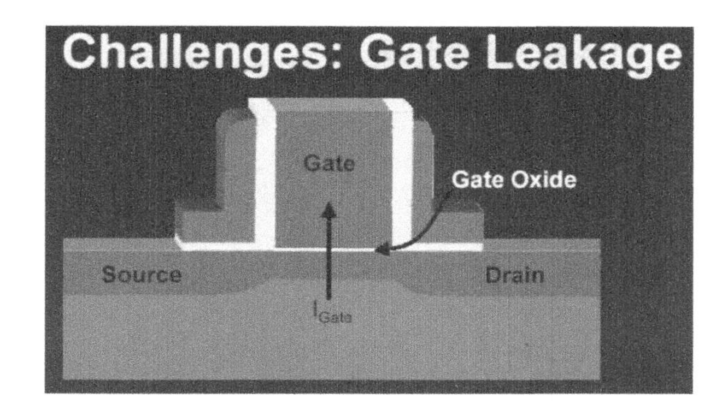

[그림 2-3] Gate leakage current를 나타낸 그림

Intel의 45nm 기술인 High-k/Metal gate 기술이 나오기 전까지 일반적인 CMOS소자의 gate oxide물질은 보통 SiO_2였다. 앞에서 언급된 내용과 같이, gate 두께가 얇아질수록 transistor는 더 빠르게 동작이 가능하다. 따라서 더 좋은 성능을 지닌 transistor를 얻기 위하여 gate oxide의 두께를 계속 scaling하였고, 그 결과 SiO_2 gate oxide 두께는 더 줄일 수 없는 한계에 직면하였다. 예를 들어, 45 nm technology에서 필요한 SiO_2 gate oxide의 두께는 약 1 nm이고, 이는 몇 개 안 되는 atomic layer에 해당하는 두께이다. 즉, 매우 얇은 gate oxide 두께가 요구 됨에 따라, SiO_2 gate oxide는 gate tunneling 과 같은 현상이 일어나 gate leakage를 control 할 수 없는 상황에 이르게 되어 SiO_2 gate oxide는 절연막으로써 동작할 수 없게 되었다.

2-2. Quantum mechanical tunneling

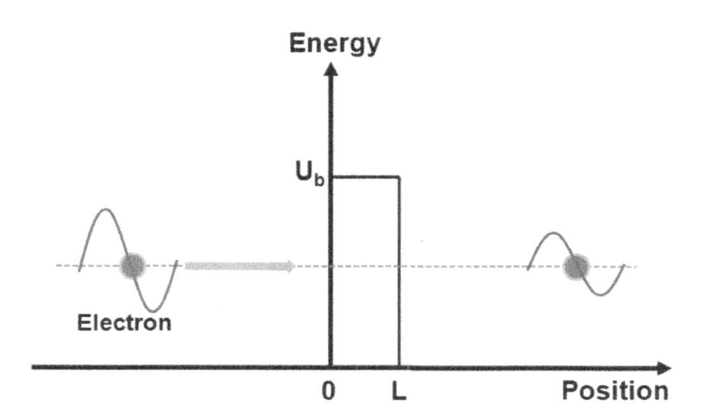

[그림 2-4] Quantum mechanical tunneling을 나타낸 그림

Gate leakage를 일으키는 가장 큰 요인인 gate tunneling의 두 가지 mechanism에 대해 간단히 알아보겠다. 우선 quantum mechanical tunneling에 대해서 설명하겠다. 고전 역학적인 측면에서 보면 전자는 자신의 에너지보다 높은 에너지 장벽을 넘을 수 없다. 하지만 [그림 2-4]에서 알 수 있듯이, 양자역학적인 미시 세계에서는 전자가 가지고 있는 파동적인 특성에 의해서 포텐셜 장벽을 넘어갈 수 있는 확률을 갖는다. 즉, quantum mechanical tunneling을 쉽게 정의하면, 미시세계의 입자가 (예, 전자) 자신이 가진 에너지 보다 높은 포텐셜을 갖는 장벽을 터널 통과하듯이 투과하는 것을 의미한다. [그림 2-4]의 장벽 두께 L이 짧아지거나, tunneling 되는 입자의 질량이 작을 수록, 강한 electric field가 입자에 걸리게 되면 tunneling 확률이 증가한다. 마지막으로 포텐셜 장벽의 모양에 따라서도 tunneling 확률이 변한다. Gate leakage의 주요원인인 gate tunneling의 두 가지 종류에 대해서 간단히 알아보자.

2-2-1. Fowler-Nordheim tunneling

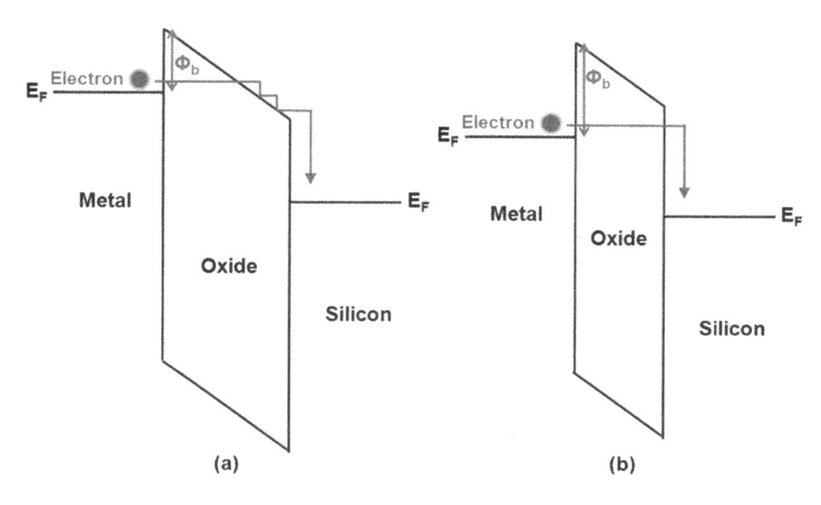

[그림 2-5] (a) Fowler-Nordheim tunneling,
(b) direct tunneling을 나타내는 energy band diagram

Fowler-Nordheim Tunneling은 Fowler와 Nordheim에 의해 처음 제시된 tunneling으로 metal 쪽의 electron이 oxide의 conduction band (*triangular energy barrier모양을 가짐*)로 tunneling이 일어나는 tunneling을 의미한다. 식은 다음과 같다.

$$J = AE_{ox}^{2}e^{\frac{B}{E_{ox}}}$$

$A = \frac{q^3 m}{8\pi h m_{ox} \phi_b}$, $B = \frac{8\pi\sqrt{2m_{ox}}\phi_b^{3/2}}{3hq}$, q는 전자의 전하량, h는 플랑크상수, ϕ_b는 metal과 oxide 사이의 포텐셜 장벽의 높이, m은 진공에서의 전자의 질량, m_{ox}는 oxide에서의 전자질량을 의미한다.

2-2-2. Direct tunneling

두 번째 tunneling mechanism은 direct tunneling이다. Direct tunneling은 Fowler-Nordheim tunneling과는 다르게 전자가 oxide를 거치지 않는다. 주로 매우 얇은 oxide에서 일어나는 tunneling mechanism이며, 작은 electric field로도 일어난다. 일반적으로 oxide 두께가 4nm 이하 일 때 주로 나타나며, oxide 두께가 얇아짐에 따라 tunneling current는 기하급수적으로 증가하게 된다. 식은 다음과 같다.

$$J = AE_{ox}{}^{2}e^{\frac{-B\left(1-\left(1-\frac{V_{ox}}{\emptyset_b}\right)^{3/2}\right)}{E_{ox}}}$$

즉, 위의 두 가지 tunneling mechanism을 보면, oxide thickness가 얇을수록, oxide에 걸리는 field가 강할수록, tunneling이 많이 일어나게 된다.

2-3. 새로운 oxide 물질을 이용한 gate stack technology

◎ Equivalent oxide thickness (EOT)

우선 새로운 oxide 물질을 이용한 gate stack technology에 대해서 이야기하기 전에 알아두어야 할 용어가 있다. 바로 gate stack technology의 가장 핵심적인 개념으로 equivalent oxide thickness (EOT)이다.

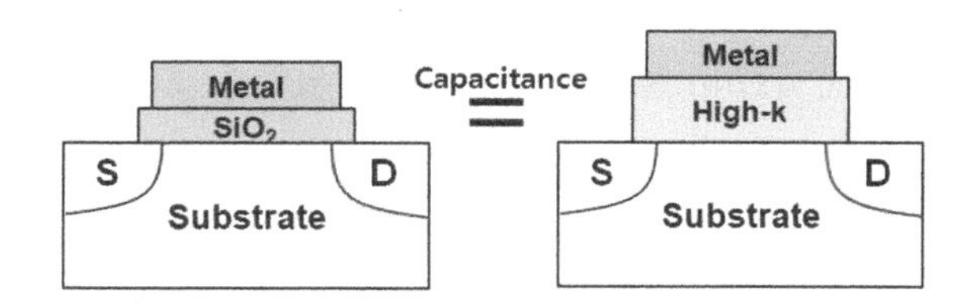

[그림 2-6] EOT가 같은 두 개의 소자를 나타낸 그림 (EOT가 같으면 capacitance도 같음)

EOT는 equivalent oxide thickness의 약자로, 현재 oxide 유효두께를 나타낼 때 쓰이는 지표이다. EOT의 정의는 oxide 물질을 high-k 물질로 사용했을 때, 같은 효과를 내는 데 필요한 유효 SiO_2의 두께를 나타낸다. 식으로 이해하는 게 더 쉽다.

$$EOT = t_{high-k}\left(\frac{\varepsilon_{SiO_2}}{\varepsilon_{high-k}}\right)$$

t_{high-k}는 high-k 물질의 두께고, ε_{SiO2}, ε_{high-k}는 각각 SiO_2와 high-k 물질의 유전율을 나타낸다. 예를 들어, gate oxide 물질로 SiO_2 (유전율 3.9) 두께 1 nm와 같은 효과를 내기 위해서는 high-k 물질인 HfO_2 (유전율 ~22) 같은 경우는 5.6 nm의 두께를 가지면 된다([그림 2-6] 참고). 따라서 high-k 물질을 gate oxide로 사용하면, 더 두꺼운 두께로도 같은 효과를 내기 때문에, gate leakage current를 줄일 수 있으면서 유효 oxide 두께를 계속 줄일 수 있게 된다.

다시 원래 하려던 이야기로 돌아오자. Gate stack technology가 직면한 한계를 해결하기 위해서, 새로운 oxide 물질의 연구가 진행되었다. 그 이유는 반도체 소자가 발전함에 있어서 oxide 두께를 얇게 함으로써 gate capacitance를 높여 소자 성능을 향상시키는 쪽으로 이루어졌는데, 그 결과 gate leakage라는 문제가 생겼고, 결국 gate oxide의 두께를 다시 두껍게 해야 되는 상황에 직면하게 된 것이다. 따라서 다른 oxide 물질을 이용하여 두께를 두껍게 하는 대신 유전율이 높은 gate oxide 물질을 통해 gate capacitance는 유지하게 하면서 gate leakage를 줄이는 방법을 택하였다. 다시 말해서 oxide 두께를 두껍게 해도 gate capacitance의 손해를 안 볼 수 있는 방법이다(위에 설명한 equivalent oxide thickness (EOT)를 유지하는 방법). Gate capacitance를 유지 시킴으로써 performance의 손해 없이 EOT를 scaling을 할 수 있게 되었다.

1980년대, SiO_2를 새로운 oxide 물질로 대체하려는 노력이 시작되었다. 처음으로 EOT가 6nm인 CeO_2, Y_2O_3를 SiO_2 대신 사용하는 연구가 선보인 뒤 [2-4, 5, 6], 그 이후로 1990년대 중반, TiO_2, Ta_2O_5, $BaSrTiO_3$와 같은 물질을 high-k 물질로 사용하는 연구가 차례로 진행되었다 [2-7, 8]. 이러한 연구는 1990년대 후반, Al_2O_3, HfO_2, ZrO_2 (band-gap energy 〉 5.0 eV)과 같은 물질로 SiO_2을 대체하려는 연구로 집중되었다 [2-9, 10, 11].

2-3-1. High-k dielectric

SiO_2의 scaling limit 때문에, gate leakage current로 인한 소자의 power dissipation 증가 뿐만 아니라 electrical stress로 인한 dielectric 물질의 degradation 또는 dielectric breakdown, process에서 야기된 defect들, poly-silicon에서부터의 dopant penetration 등

과 같은 문제를 해결하기 위해 하나의 대안으로 나온 것이 SiO_2를 유전율이 더 높은 유전체로 대체하는 것이었다. 하지만 gate oxide 물질이 되기 위해서는 까다로운 조건들이 필요했는데, 그 조건들은 다음과 같다.

- 높은 유전율
- 넓은 band gap energy
- 공정 시, 높은 purity를 가질 수 있게 oxide를 형성시켜야 하고, interface가 깨끗해야 한다.
- Silicon을 이용한 기존 공정에 호환가능해야 한다. 즉, 높은 공정 온도에 견뎌야 하고, 공정 환경에 오염되지 않아야 한다.

위의 조건들을 만족할 수 있는 연구가 계속 되었다. 아래는 SiO_2를 SiO_2의 유전율보다 높은 유전율을 갖는 물질로 대체하려는 노력에 대해서 알아보겠다. 다음은 몇 가지 high-k gate dielectric 물질들이다.

2-3-1-1. Silicon nitroxide

Silicon nitroxide은 SiO_2를 NH_3, N_2O, NO 등으로 thermal nitridation을 통해 얻을 수 있다. Silicon nitroxide를 gate dielectric로 사용하면, gate dielectric의 reliability를 높이고, 위에서 언급한 poly-silicon으로 부터의 dopant penetration을 효과적으로 막을 수 있다. 하지만 유전율이 높지 않아 scaling을 충분히 시키지 못한다는 단점이 있다([그림 2-7] 참고).

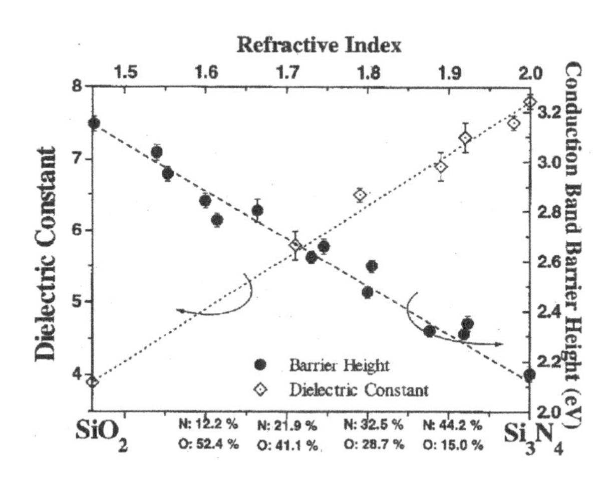

[그림 2-7] SiO_2와 Si_3N_4 사이의 oxide와 nitride의 비율에 따른 유전율과 conduction band offset의 변화

2-3-1-2. Silicon nitride

Silicon nitride 물질은 SiO_2보다 유전율이 약 2배 크기 때문에 silicon nitroxide보다 scaling에 있어서 더 유리하다. 하지만 silicon에 산화 공정 기술을 통해 SiO_2를 만들 때 보다 dangling bond가 많아져 silicon nitride는 silicon과의 interface 특성이 좋지 않다. 즉, 높은 농도의 interface trap 과 charge가 생기게 된다. 따라서 silicon nitride를 silicon과 SiO_2의 계면처럼 기를 수 있어야 하는데 이는 Stanford University의 Prof. Saraswat group 등 다양한 그룹에서 rapid thermal 방식을 통해 매우 얇고 high quality인 silicon nitride 구현하였다. 하지만 이 rapid thermal 방법에서는 섭씨 1100 ~ 1200도 정도의 매우 높은 온도가 필요하기 때문에 높은 thermal budget이 문제가 되었다.

2-3-1-3. 높은 유전율을 갖는 metal oxides (HfO_2, ZrO_2 등)

위의 silicon nitroxide나 silicon nitride는 잠깐의 해결책이 될 수는 있으나 각각의 단점과 낮은 유전율로 인해 높은 유전율을 갖는 metal oxides들이 (Ta_2O_5, TiO_2, Al_2O_3, HfO_2, ZrO_2) high-k 물질로써 연구 되었다. 위의 물질 중 Ta_2O_5 (k ~ 22), TiO_2 (k ~ 100)는 높은 유전율과 화학적인 simplicity때문에 잠깐 동안 촉망 받는 gate dielectric 이였지만, silicon과 만났을 때 stable 하지 않기 때문에, silicon nitride와 같은 barrier layer를 중간에 삽입시켜야 한다. 즉, EOT를 효과적으로 scaling 시킬 수 없는 단점이 있다. 반면에 Al_2O_3 (k ~ 10), HfO_2 (k ~ 22), ZrO_2 (k ~ 22) 물질은 silicon과 만났을 때 stable하기 때문에 barrier layer가 필요하지 않다. 하지만 너무 큰 유전율을 갖는 물질을 gate dielectric으로 사용하면, drain쪽의 field가 높은 유전율을 갖는 oxide를 거쳐 더 강한 field로 channel 영역을 간섭하기 때문에 short channel effect가 더욱 심해진다. 즉, gate dielectric의 유전율 값이 무조건 크다고 좋은 것은 아니다. ([그림 2-8] 참고)

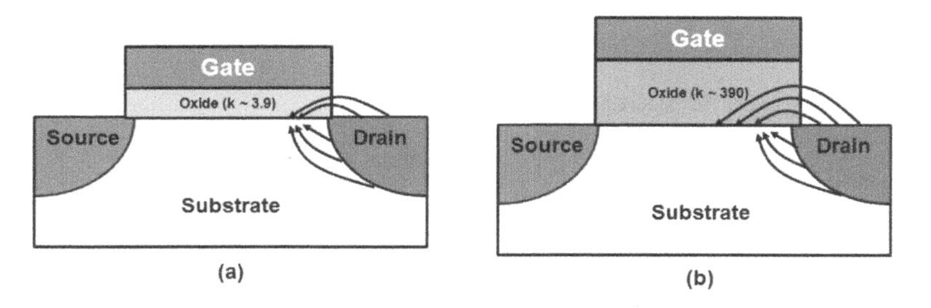

[그림 2-8] 유전율에 따라 달라지는 drain이 channel에 미치는 영향을 나타낸 그림

위에 언급한 stable과 unstable gate dielectric에 대해서 좀 더 자세하게 알아보자. Unstable oxide (Ta_2O_5, TiO_2)는 thermal annealing시

silicon과 반응하여 SiO_2를 형성한다. 그래서 Si_3N_4와 같은 barrier가 있어야 한다. 즉 poly-silicon/nitride/oxide/nitride/silicon과 같이 더 많은 layer를 stack시켜야 한다. 결국 nitride가 들어가기 때문에 gate oxide 두께를 상당히 두껍게 하여 EOT를 scaling하기 힘들다. 반면에, stable oxide (Al_2O_3, HfO_2, ZrO_2)는 thermal annealing을 해도 silicon과 반응하지 않기 때문에 gate dielectric layer하나만 사용하면 된다. 즉 EOT를 효과적으로 scaling 할 수 있다.

Silicon의 경우는, thermal oxidization을 통해 SiO_2를 쉽게 기를 수 있는데, 이 SiO_2는 거의 완벽한 insulator로써 동작하고, impurity diffusion을 잘 막아주며 다양한 화학물질이나 여러 공정 환경에서도 잘 견딘다. 이런 이유로 silicon 기반 기술이 계속 발전을 해왔기 때문에 high-k 물질도 SiO_2와 같은 역할을 잘 수행해야 기술 발전이 계속 될 수 있다. 하지만, 다양한 이유 때문에 high-k layer들이 사용되기가 쉽지 않았다.

- *Silicon과의 interface 상태가 나쁨* - silicon위에 high-k layer를 증착시키면, 그 high-k layer가 silicon을 제대로 passivate하지 못한다. 그 결과, interface trap 또는 charge 들이 많아지게 되고, performance가 악화된다.

- *Silicon이 metal atom에 의해서 오염됨* - high-k layer는 metal oxide기 때문에 metal atom들이 silicon에 영향을 주면 안 된다. 하지만 이 metal atom이 silicon 내의 deep trap을 만든다.

- *그 당시 사용하던 gate electrode (poly-silicon)와의 compatibility 문제* - poly-silicon gate와 high-k dielectric을 같이 사용했을 때의 work-function 문제와 같은 여러 문제가 있다. 이는 뒤에 더 자세히 다

루겠다.

- *소자의 reliability와 lifetime 문제* - metal oxide는 SiO_2에 비해서 band gap energy가 작기 때문에, dielectric layer가 high electric field 또는 UV radiation에 노출 되었을 때 electron이 쉽게 큰 에너지를 받아 high-k layer의 band gap energy를 넘게 되어 원하지 않는 current가 흐르게 된다.

- *공정 시 문제* - metal oxide는 공정 시 맞닥뜨리는 여러 chemical과 여러 공정 환경에서 잘 견디지 못한다. 이는 기존 공정과의 compatibility 측면에서는 큰 문제이다. 즉, 기존의 deposition, etching, thermal annealing, 그리고 cleaning 공정 등에 견딜 수 있는 metal oxide여야 한다.

이러한 문제들이 SiO_2를 high-k 물질로 대체시키는데 큰 장애물이 되었다. 그 중 poly-silicon gate와 high-k dielectric을 같이 썼을 때의 문제와 high-k dielectric layer를 썼을 때 생기는 mobility degradation 문제에 대해서 자세히 다뤄보자.

2-3-2. High-k/Poly-silicon

위에서 언급한 high-k 물질들은 polysilicon metal과 함께 사용했을 시, thermal stability issue와 같은 문제들이 생길 수 있다. 즉, polysilicon을 gate물질로 사용한 MOSFET의 경우, polysilicon을 doping하여 gate work-function을 바꾸는데, high-k 물질을 oxide로 사용하였을 경우 gate work-function이 쉽게 바뀌지 않게 된다. 그 가장 큰 이유를 'Fermi-level pinning' 이라고 한다. 일반적으로 metal 전극 쪽의

Fermi-level에 의해서 work-function이 변하는데, polysilicon/high-k stack에서는 silicon-Hf bonding에 의해서 work-function이 변한다. 다시 말해, polysilicon의 effective work-function은 silicon conduction band 근처에 고정이 된다. 그 결과, PMOS 경우 threshold voltage가 실제 사용하는 범위를 벗어나 매우 커지는 문제가 생긴다. 이러한 문제는 CMOS에 high-k 물질을 oxide로 쓰는 데에 큰 장애물이 되었다. 결국, high-k layer와 poly-silicon이 아닌 metal gate를 gate electrode로 사용함으로써 문제를 해결하였다. 이에 관한 자세한 내용은 뒤에 소개하겠다.

2-3-3. Mobility degradation

High-k layer를 gate dielectric으로 사용하면 carrier의 mobility가 줄어든다. 이론상으로는 capacitance를 유지시키기 때문에 performance의 하락 없이 계속해서 scaling을 시킬 수 있는 기술이라고 할 수 있지만, 실제 공정을 하면 [그림 2-9]와 같은 여러 가지 문제가 야기 되기 때문에 실제로는 mobility가 감소되어 performance가 하락된다.

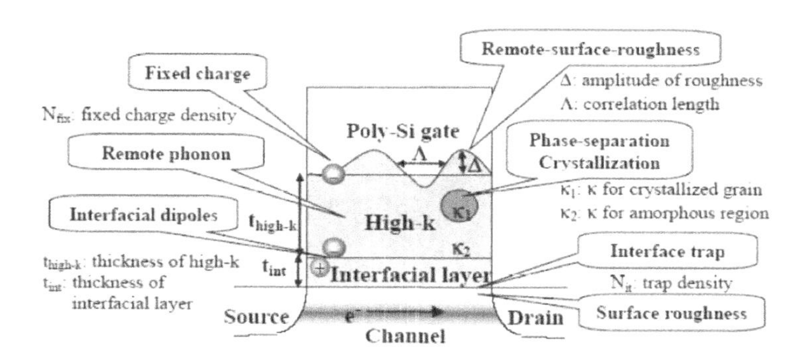

[그림 2-9] Mobility 감소의 주요 요인들을 나타낸 그림

[그림 2-9]는 소자에 SiO_2 대신 high-k layer를 사용하였을 때, mobility를 감소시키는 주요 요인들을 나타낸 그림이다. 그 중 poly-silicon gate와 high-k layer 사이의 fixed charge에 의한 요인과 phase-separation crystallization에 의해서 생기는 mobility의 감소 정도는 다음과 같다([그림 2-10] 참고). 참고로 [그림 2-10]에 Phase-separation crystallization은 amorphous인 high-k layer 중에 어느 부분이 crystallization되어 유전율 값이 변해 성능에 변화를 주는 요인을 뜻한다.

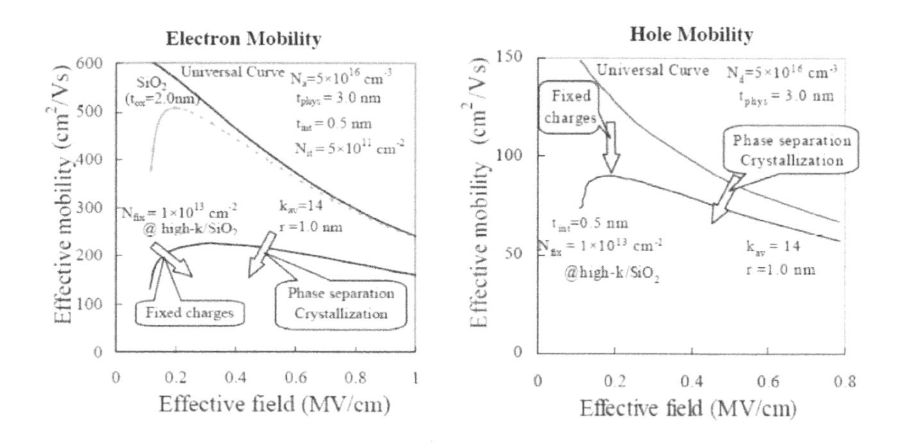

[그림 2-10] Electric field에 따른 fixed charge와 phase-separation crystallization에 의한 mobility의 감소 그래프

2-3-4. Many problems of high-k dielectric material (HfO_2) for EOT < 1 nm

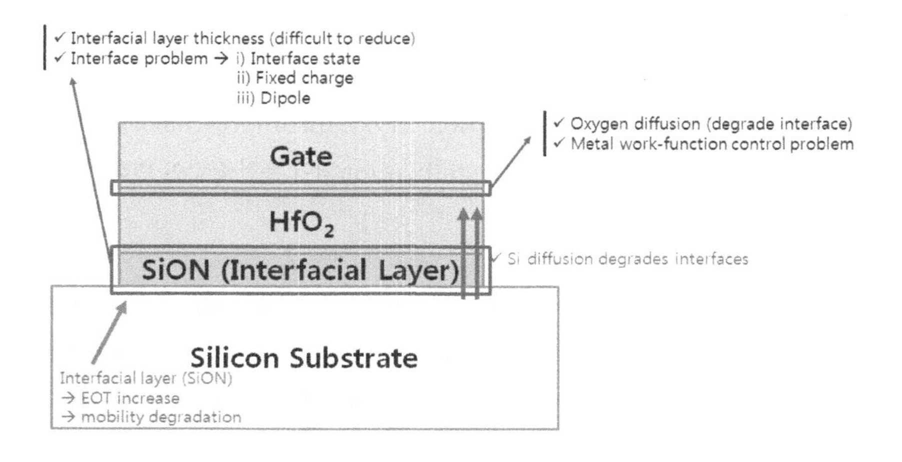

[그림 2-11] high-k dielectric의 EOT를 1nm 이하로 줄일 때 생길 수 있는 다양한 문제

현재 사용되는 gate dielectric 물질은 HfO_2 based dielectric 이다. 이 물질은 큰 유전율 (k ~ 22)을 갖고 있고, band-offset 측면에서 이점을 갖고 있으며, thermal stability가 좋다. 다양한 기술들을 통해 위에서 언급한 high-k layer의 단점들을 완화시켜 poly-silicon이 아닌 metal gate와 함께 사용하여 1세대 high-k layer로써 사용될 수 있었다. 하지만 high-k layer를 1 nm 이하로 줄이는 데에는 다양한 문제가 생길 수 있다. 우선 gate와 HfO_2 사이에서는 oxygen diffusion으로 인한 interface의 quality가 나빠지는 문제와 gate의 work-function 조절의 문제가 있다. 또한, HfO_2와 silicon 사이에서 생기는 다양한 문제를 해결하기 위해서는 interfacial layer인 SiON을 HfO_2 와 silicon 사이에 삽입해 줘야 한다. 하지만 이 layer를 삽입하기 때문에 전체적인 EOT가 증가하여 mobility가 떨어진다. 더욱이 기술이 발전함에 따라 EOT를 줄여야 하지만 그러기 위해서는 이

interfacial layer도 줄여야 하는데 얇은 interfacial layer를 더 줄이는 게 쉽지 않다. 또한 interfacial layer와 HfO_2 또는 silicon 사이에서 생길 수 있는 interface state, fixed charge, dipole등이 interface 상태를 나쁘게 한다. 위와 같은 다양한 문제들이 EOT를 줄이는데 큰 걸림돌이 되었지만, 이러한 문제를 해결하고 Intel사는 2007년 45nm technology node의 가장 main 기술인 High-k/Metal Gate (HK/MG) 기술을 선보였다. 이 때 65nm 기술에 비해 transistor density는 2배 증가, transistor switching power는 30% 감소, switching speed는 20% 증가, source/drain leakage power는 5배 감소, gate oxide leakage는 10배 이상 감소하였다.

2-4. 새로운 metal 물질을 이용한 gate stack technology

HK/MG 기술이 나왔을 당시 일반적인 n-type MOSFET의 threshold voltage (Vth)는 0.25 V ~ 0.6 V, p-type MOSFET의 Vth는 - 0.25 V ~ - 0.6 V 범위 에서 형성된다. 위에서 언급한 대로 high-k dielectric 물질과 poly-silicon을 같이 쓰게 되면, p-type MOSFET의 Vth가 - 1.4 V ~ - 1.75 V 범위에 형성 되면서 Vth가 너무 크기 때문에 channel 영역의 doping변화만으로 조절이 힘들다. 또한, poly-silicon을 썼을 때의 단점들 또한 해결하기 위해서 gate electrode로 metal 물질을 사용하게 되었다. 우선 metal gate를 사용함으로써 해결 되는 사항에 대해서 알아보자.

1. gate depletion:

Poly-silicon gate는 silicon 재료이기 때문에 도핑을 진하게 했다고 할 지라고 depletion 이 생길 수 밖에 없다. 이 gate depletion은 EOT를 높이는 단점과 inversion영역의 capacitance를 줄이는 단점이 있다. 하지만

metal gate를 사용하면 그러한 depletion을 없앨 수 있다.

2. dopant penetration:

Poly-silicon gate의 경우는 doping을 진하게 하기 때문에 dopant들이 oxide나 silicon으로 침투할 수 있다. 이 경우 반도체 소자의 performance에 영향을 미치게 되는데, metal gate를 사용한다면 이러한 문제를 해결 할 수 있다.

3. lower resistance:

Poly-silicon은 반도체 이기 때문에, 아무리 도핑을 많이 했다고 할 지라도 metal에 비해서는 저항성이 높다. 따라서 metal gate를 사용하면 저항을 줄일 수 있다.

4. solve the Fermi level pinning:

poly-silicon/high-k stack에서는 silicon-Hf bonding에 의해서 work-function이 변한다. 하지만 metal gate의 경우는, gate work-function이 고정되어 잘 조절할 수 없는 Fermi level pinning 문제를 해결할 수 있다.

5. Surface phonon based mobility degradation:

Poly-silicon과 다르게 metal은 electron이 매우 많기 때문에, 그 많은 electron들이 surface phonon에 의한 진동을 차단시킬 수 있다. 즉, 채널 영역의 mobility 감소를 줄일 수 있다. [그림 2-12]를 참고하면 쉽게 이해할 수 있다. 또한 [그림 2-13]을 보면 정량적으로 mobility가 얼마나 향상 될 수 있는 지 알 수 있다. 이 때 metal gate는 titanium nitride (TiN) 이다.

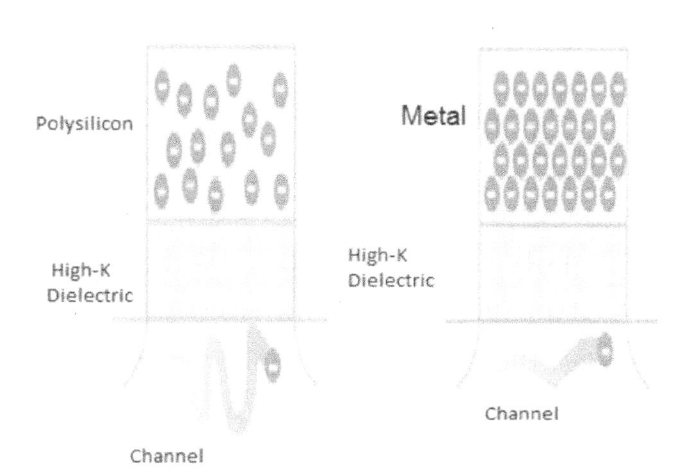

[그림 2-12] Poly-silicon gate와 metal gate의 surface phonon에 의한 mobility 감소를 나타낸 그림

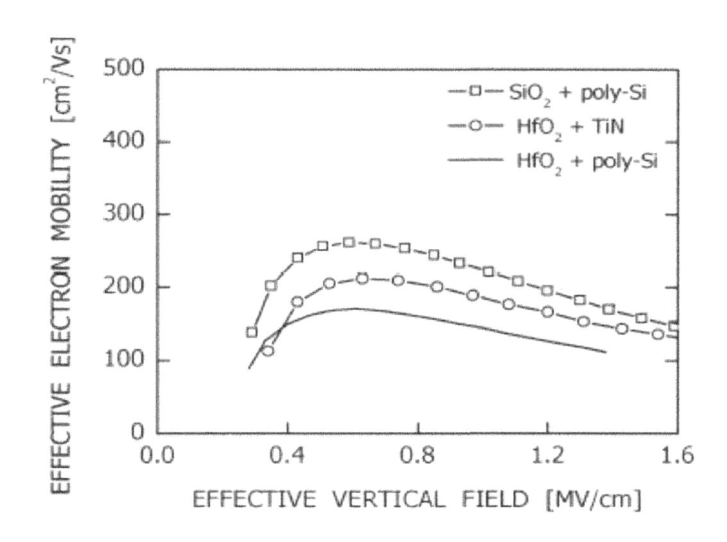

[그림 2-13] Electric field에 따른 SiO_2/poly-silicon, HfO_2/TiN, HfO_2/poly-silicon effective electron mobility의 변화를 나타낸 그래프

2-5. High-k/Metal Gate (HK/MG) 공정 기술

이번 part에서는 high-k/metal gate (HK/MG) 공정 기술에 대해서 살펴보겠다. [그림 2-14] 부터 [그림 2-16] 까지는 (HK/MG) 공정 기술을 나열한 것이다. 우선 metal gate의 공정 순서에 따라서 gate first와 gate last로 나눌 수 있다. [그림 2-14]는 gate first HK/MG 공정 순서를 나타낸 그림이고, [그림 2-15]와 [그림 2-16]은 gate last HK/MG 공정 순서를 나타낸 그림이다. 또한 gate last HK/MG 공정 기술을 high-k layer의 증착 순서에 따라 gate last, high-k first HK/MG와 gate last, high-k last HK/MG 기술로 나눌 수 있다. 위 모든 기술의 공정 순서에 대해서 자세히 알아보자.

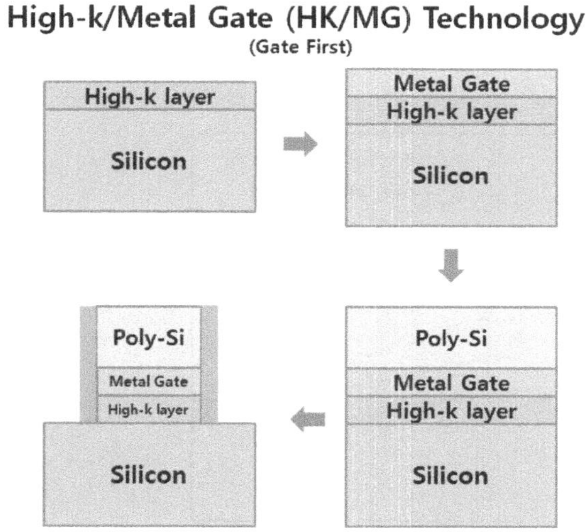

[그림 2-14] Gate first HK/MG 공정 기술

우선 gate first HK/MG [그림 2-14]에 대해서 설명하겠다. Silicon substrate 위에 high-k layer를 증착 시키고 그 위에 metal gate와

poly-silicon을 증착 시킨다. 여기서 metal gate는 high-k layer와의 좋은 접합특성을 보이기 위해서, 그리고 gate work-function을 결정 짓기 위해서 좋은 quality로 증착 시킨다. 좋은 quality로 증착 시키기 위해서는 느린 속도로 증착을 시키는데, 수율을 높이기 위해서 일정한 높이까지만 metal gate를 증착 시키고 나머지 gate는 poly-silicon으로 빠르게 채운다. 그 다음에 source/drain을 형성시키기 위한 ion implantation과 annealing 공정을 진행한다.

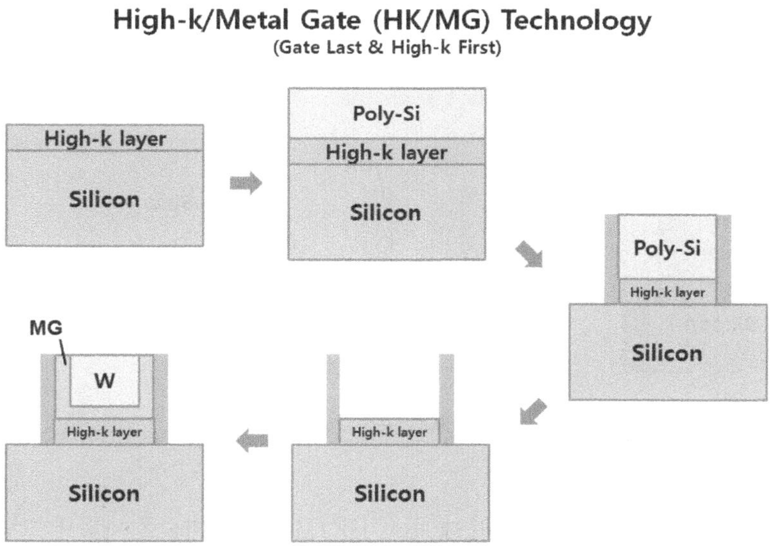

[그림 2-15] Gate last, high-k first HK/MG 공정 기술

[그림 2-15]는 gate last, high-k first HK/MG 공정 기술을 나타낸 그림이다. Silicon 위에 high-k layer를 증착 시킨 뒤에 dummy gate (poly-silicon)을 증착 시킨다. 그 뒤에 source 와 drain을 형성시키기 위한 ion implatation 공정과 annealing을 한다. 그리고 나서 dummy gate

를 없애고, metal gate를 증착 시킨 뒤 텅스텐으로 남은 부분을 채운다. 이 방법은 gate first 공정보다 좀 더 process step이 많고 비싸고 복잡하지만 dummy gate에 열적인 부담이 가기 때문에 thermal budget을 줄일 수 있고, 좀 더 quality 좋은 metal gate를 얻을 수 있게 되는 장점이 있다.

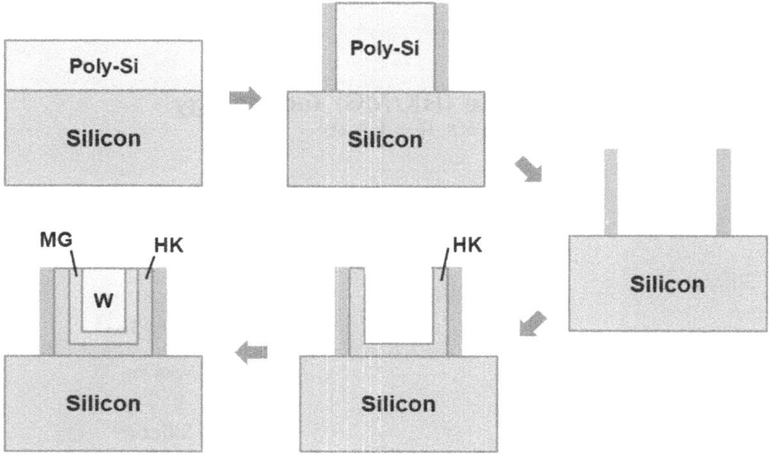

[그림 2-16] Gate last, high-k last HK/MG 공정 기술

[그림 2-16]은 gate last, high-k last HK/MG 공정 기술을 나타낸 그림이다. Silicon 위에 poly-silicon을 증착 시킨 뒤 source 와 drain을 형성 시키기 위한 etching후 ion implatation 공정과 annealing을 한다. 그리고 나서 poly-silicon을 없애고, high-k layer와 metal gate를 증착시킨 뒤 텅스텐으로 남은 부분을 채운다. 즉, thermal budget이 줄고, source drain formation을 하고 난 뒤에 high-k layer와 metal gate를 증착 하기 때문에, gate last, high-k first보다 더 좋은 quality를 지닌 high-k layer를 형성 시킬 수 있다. 공정의 복잡도가 매우 증가하게 되고, 공정비용

도 상당히 올라가게 된다.

HK/MG 공정 기법은 Intel이 45nm 공정에서 도입하였고, TSMC나 삼성 등이 그 뒤를 이어 32nm 공정에서 도입하였다. 삼성전자와 Global Foundries 등의 HK/MG 기술의 기반은 gate first 방식으로 공정 과정이 단순한 장점이 있다. 하지만 공정 속도 측면에서 느리고, leakage current 적인 측면에서 단점이 있다. 반면에 TSMC와 Intel은 gate last HK/MG 기술 기반인데 gate last는 속도적인 측면에서 빠르지만, 비싸고 복잡한 공정과정 등이 단점이다. 이제는 삼성이나 GlobalFoundries도 gate last를 기반으로 HK/MG 공정을 진행한다.

Reference

[2-1] B. H. Lee et al. *materialstoday*, 2006

[2-2] G. Bersuker et al. *Sematech*

[2-3] http://www.xtremesystems.org/forums/showthread.php?t=253738&page=4

[2-4] L. Machanda et al. *IEEE Electron Device Lett.*, 1988

[2-5] H. Fukumoto et al. *Appl. Phys. Lett.*, 1989

[2-6] T. Inoue et al. *Appl. Phys. Lett.*, 1990

[2-7] S. Campbell et al. *IEEE Trans. on Electron Devices*, 1997

[2-8] Q. Lu et al. *IEEE Electron Device Lett.*, 1998

[2-9] W. Lee et al. *Tech. Dig. IEDM*, 1998

[2-10] G. D. Wilk et al. *Appl. Phys. Lett.*, 2000

[2-11] B. H. Lee et al. *Appl. Phys. Lett.*, 2000

[2-12] Guo et al. *IEEE Electron Device Lett.*, 1998

[2-13] S. Saito et al. *IEEE IEDM*, 2003

[2-14] M. T. Bohr et al. *IEEE spectrum*, 2007

[2-15] R. Chau et al. *Microelectron. Eng.*, 2005

3 *Summary on sub-100-nm Semiconductor Device Technology*

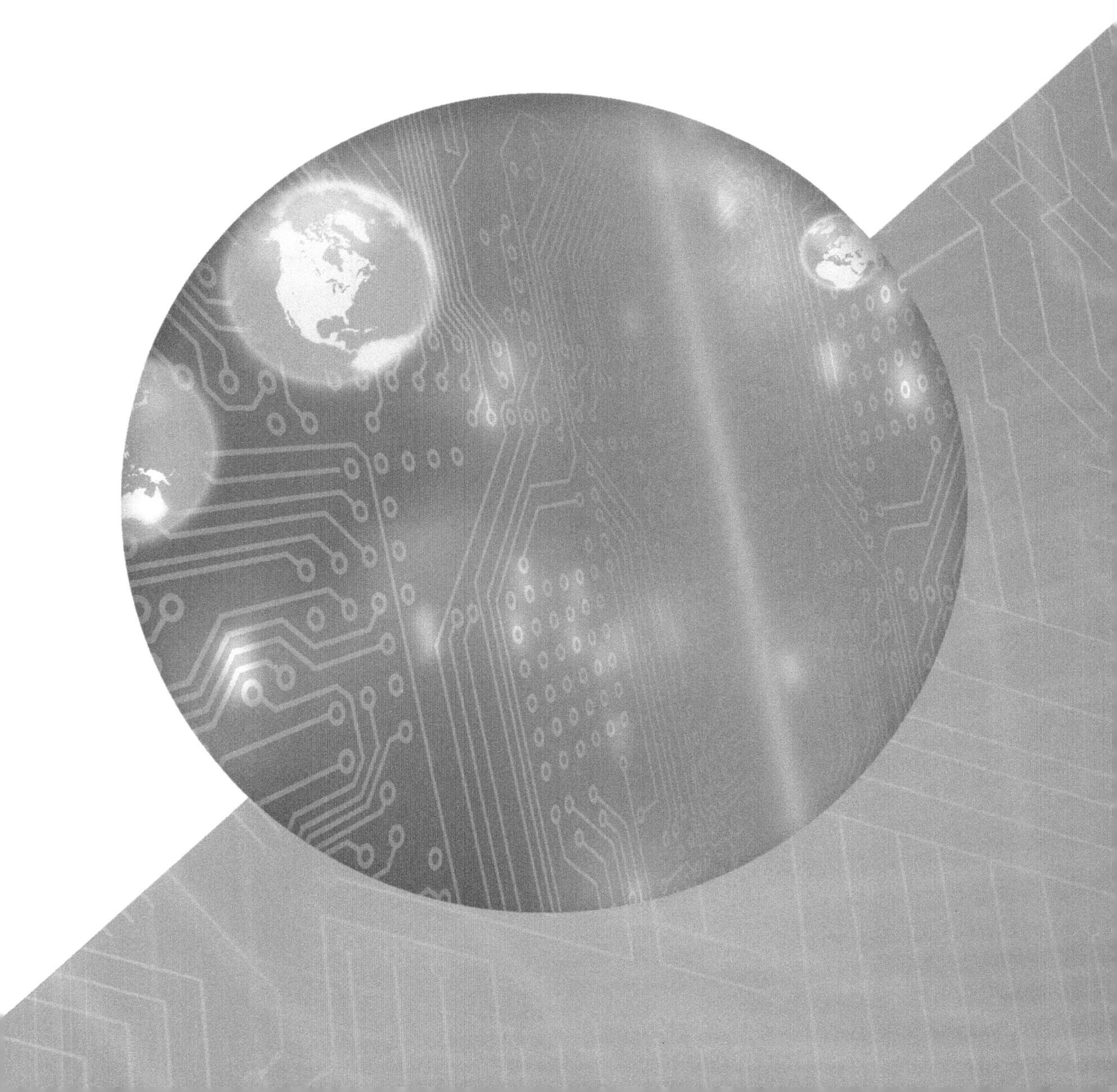

〈 최신 100nm이하급 반도체 소자 기술 소개 〉

"작을수록 좋다!!!"

지난 반세기가 넘는 기간 동안 눈부시게 개발되어온 반도체 기술은, 인텔의 설립자인 골든 무어가 말한 경험 법칙에 따라, 매 18 ~ 24개월마다 같은 면적을 가지는 반도체 집적회로(IC) 내에 집적가능한 트랜지스터의 개수를 2배씩 성공적으로 증가시켜왔다. 칩의 집적도를 증가시킬수록 단위면적당 들어가는 소자의 개수가 증가 하여 반도체 칩의 성능은 향상되고, 소자당 가격은 반 이하로 떨어진다. 따라서 반도체 업계에서는 지속적으로 연구개발에 많은 자본을 투자하여 소자의 크기를 줄이는데 총력을 다하고 있다.

하지만 최근에 반도체의 집적도를 향상시키는데 SCE(short channel effect), Random variation, mobility 향상 문제 등의 소자상, 공정상의 이슈들로 더 작은 반도체 기술 노드에 해당하는 소자를 개발하는 데에 기술적 한계에 부딪혔고, 산업계에서는 새로운 반도체 제조공정 기술 및 소자 기술을 개발하여 이러한 한계와 문제점들을 헤쳐나가고 있다.

아래에서는 90nm, 65nm, 45nm, 32nm, 22nm 그리고 14nm까지 각 반도체 기술 노드별 문제점과 그때마다의 해결 방안/기술에 대하여 논의할 것이다.

1 90nm 반도체 기술

1-1. 90nm 구현을 위한 문제점

100nm 이하로 channel length를 줄이는데 mobility degradation으로 인해 높은 drive current(구동 전류)를 유지하는데 문제가 생겼다. 이는 채널의 길이가 너무 짧아져 생기는 threshold voltage 감소, DIBL(Drain-Induced-Barrier-Lowering), leakage current 증가 등의 문제를 유발하는 Short Channel Effect(SCE)를 극복하기 위해, 채널의 doping농도를 진하게 하는 과정에서 발생된 문제였다. 다시 말해, dopant와 carrier간의 scattering인 ionized impurity scattering이 문제가 되어 carrier들의 mobility가 감소되었기 때문이다. 따라서 이러한 mobility 감소의 문제를 해결하기 위한 새로운 기술이 필요했다.

1-2. 사용된 기술

a. 90nm에서 사용된 Technique: Uniaxial Strain

90nm 트랜지스터의 공정 기술인 uniaxial strain 사용은 biaxial strain보다 많은 장점을 가지고 있다. 그렇지만 uniaxial strain과 biaxial strain 2개 모두 conduction band를 약화시키는 여섯 방향의 separation 때문에 electron mobility 향상에 대해서는 uniaxial strain와 biaxial strain가 비슷하다.

하지만 hole mobility 향상에 대하여, 산업체 기준인 (100) 표면 위의 ⟨110⟩ 채널방향 P-MOSFET에 대한 Piezoresistance 계수를 사용한 간단한 계산에서 uniaxial stress가 스트레스 단계에서 biaxial tensile strain보다 훨씬 더 큰 hole mobility를 이끌어 낼 수 있다는 것을 [그림 3-1]을 통하여 확인 할 수 있다.

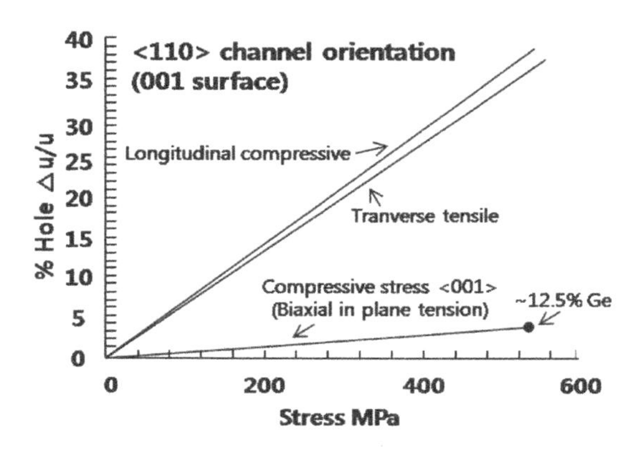

[그림 3-1] Piezoresistance 계수에서 stress의 hole mobility 향상 비교

Uniaxial stress의 사용으로 인한 hole mobility 향상은 wafer bending 뿐만 아니라 선행 연구에서 보여주는 것처럼 높은 electric field에서도 mobility 향상 정도가 유지된다. Uniaxial compression에 대한 mobility 향상은 band separation보다 band bending에 대한 것 때문이라고 여겨져 왔다. band separation이 surface confinement을 변화시키지 않는 것이 가능하다. 마지막으로 uniaxial strain은 높은 비평면의 실질적인 질량(out-of-plane effective mass)때문에 더 낮은 표면의 거친 충돌(surface roughness scattering)을 갖는다.

uniaxial strain은 복잡한 wafer 구조와 제조 비용, 그리고 biaxial strain의 결함들을 피하면서 2개의 간단한 stress(tensile, compressive)을 시행하는 것이 가능하다. Tensile와 compressive capping layer는 각

각 NMOS 그리고 PMOS의 성능을 향상시키면서 완성된 트랜지스터들 위에 증착(deposition)될 수 있다. 이 방법의 한가지 결점은 반대 타입(PMOS가 NMOS에 영향을 끼침)의 트랜지스터 성능이 저하될 수도 있다는 것이다.

Epitaxial Source/Drain(ESD) 트랜지스터는 Uniaxial strain 공정을 위한 새로운 구조이다([그림 3-2(a)] 참고). Gate stack, S/D extensions 그리고 spacer의 형성 후에 실리콘 recess 식각(etching)이 시행 되어야 한다. 그런 다음, selective hetero-epitaxy는 S/D 부분에서 strained 물질을 성장시키기 위해 사용된다. 만약 이 물질의 격자 간격이 실리콘보다 크다면(예, Ge가 Si보다 큼), uniaxial compressive strain이 채널에서 일어날 것이고 이 물질의 간격이 실리콘보다 작다면(예, C가 Si보다 작음), uniaxial tensile strain이 채널에서 일어날 것이다([그림 3-2(b)] 참고).

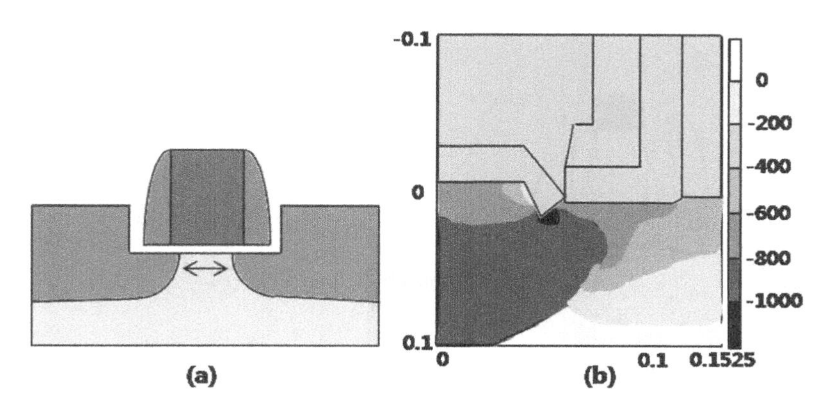

[그림 3-2] (a) Epitaxial S/D Transistor 구조. (b) Stress 시뮬레이션: the resulting stress is dominantly uniaxial along the [110] current flow direction. X and Y-axes show dimensions.

위에서 묘사된 2개의 uniaxial strain 구조들에서 strain 단계는 통합과 결함을 최소화하기 위해 공정 과정에서 늦게 진행된다. 트랜지스터를 생산하는 비용은 epitaxial하게 증착(deposition)된 물질의 아래쪽 두께, 규모의 순서 때문에 더 낮아진다.

b. Uniaxial Strain의 90nm CMOS Technology에 적용

Uniaxial strained silicon NMOS and PMOS 트랜지스터들은 90nm CMOS 기술의 핵심이다. NMOS 트랜지스터는 strain을 유도하고 NMOS 구동 전류를 10%까지 향상시키기 위해 tensile capping layer를 사용한다([그림 3-3]).

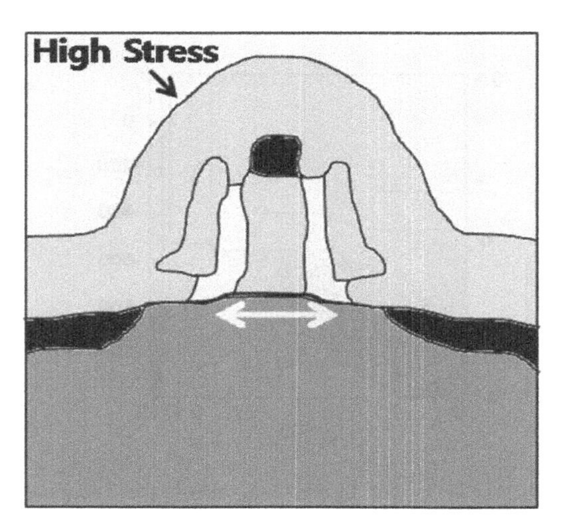

[그림 3-3] 높은 tensile stress nitride overlayer를 보여주는 NMOS 트랜지스터의 TEM 도식도.

PMOS 트랜지스터는 채널에서 uniaxial compressive strain을 발생시키기 위해 selective SiGe heteroepitaxy를 사용한다([그림 3-4]).

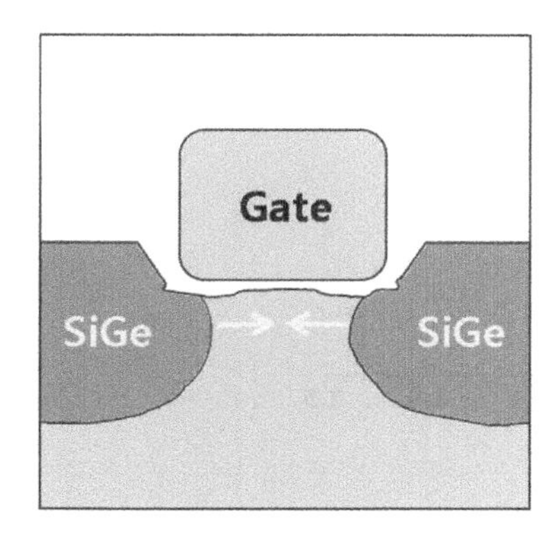

[그림 3-4] Uniaxial strain을 발생하는 SiGe heteroepitaxial S/D을 보여주는 PMOS 트랜지스터의 TEM

측정된 NMOSFET의 saturation drain 전류인 1.26mA/um는 1.2V의 전압과 40nA/um의 leakage current에서 얻어졌다([그림 3-5]). PMOSFET의 saturation drain 전류 0.72mA/um는 NMOSFET에서와 같이 1.2V의 전압과 40nA/um의 leakage current에서 얻어졌다([그림 3-6]). Tensile capping layer는 중요한 PMOSFET의 손실 없이 NMOSFET의 구동 전류 (drive current)를 증가시킨다([그림 3-7]). Complementary MOSFET인 NMOSFET과 PMOSFET의 strain 조합은 각각 독립적으로 최대한 이용될 수 있다.

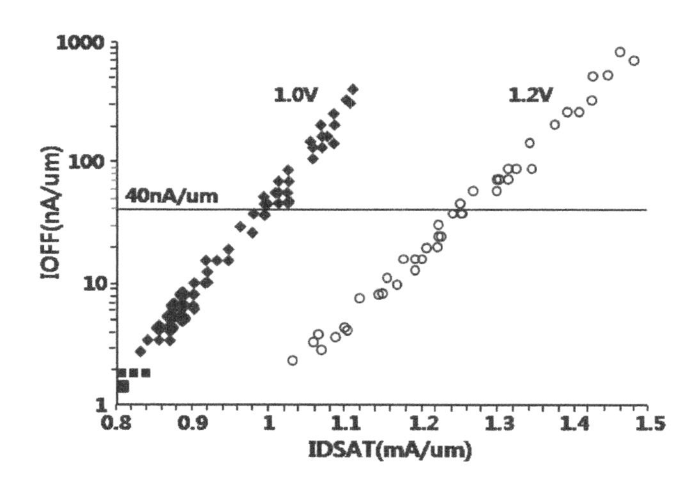

[그림 3-5] NMOS의 ION/IOFF 그래프 (1.2V & 1.0V, IOFF=40nA/um, IDSAT=1.01mA/um).

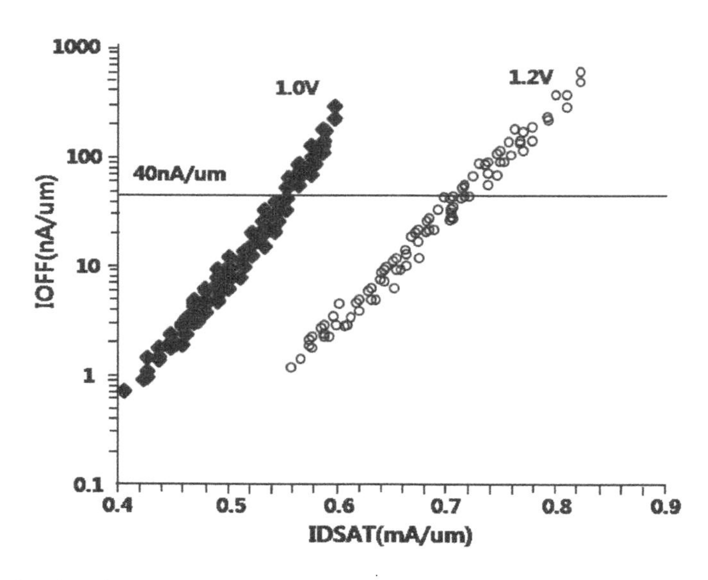

[그림 3-6] PMOS의 ION/IOFF 그래프 (1.2V & 1.0V, IOFF=40nA/um, IDSAT=0.55mA/um).

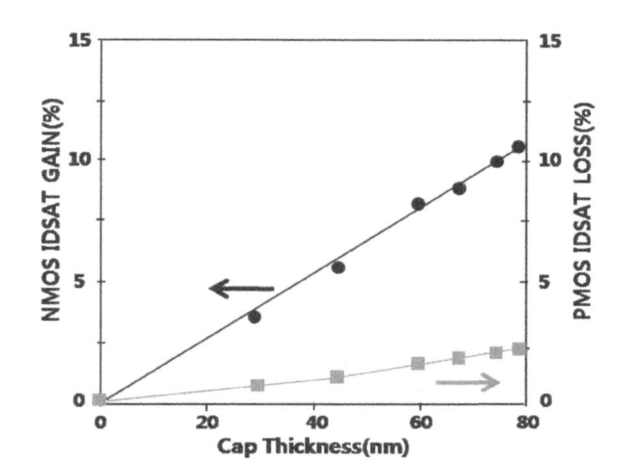

[그림 3-7] N&P IDSAT vs. nitride capping layer 두께

[그림 3-8]은 채널 stress의 gate 길이에 대해서 ESD PMOS IDLIN와 기준 소자의 strain을 나타낸 그래프이다. 확실히 전류의 증가가 strain에 의해 일어난다. gate의 길이가 50nm에 대해서 mobility 증가는 55%이고 IDLIN의 60%라고 볼 수 있다.

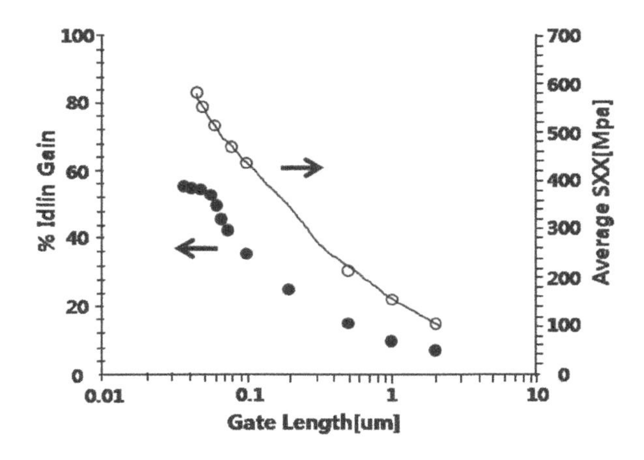

[그림 3-8] 평균 PMOS 채널 stress와 % IDLIN 향상 vs. gate 길이

처음 결과는 최소 pitch의 ESD PMOS 트랜지스터와 더 넓어진 pitch의 ESD PMOS 트랜지스터에 대한 saturation drain 전류에 큰 차이를 보여주었다. 공정 최소화[그림 3-9]로 그 차이를 더 최소화될 수 있다.

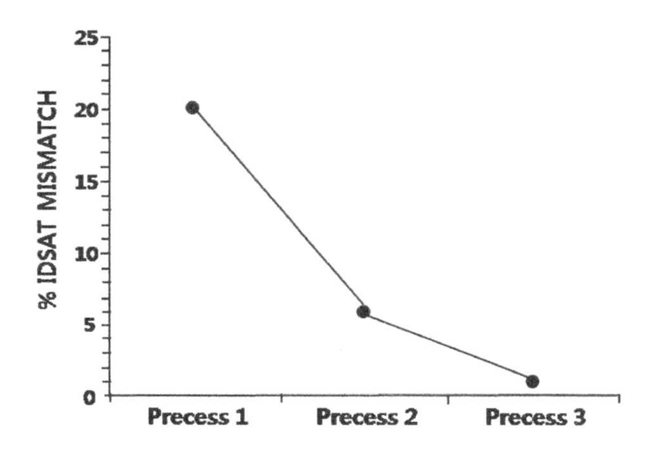

[그림 3-9] 최소 pitch에 대한 PMOS IDSAT mismatch vs. 1.5X 최소 pitch.

c. 90nm 트랜지스터를 사용한 회로의 성능 결과

Strained 실리콘은 빠른 ring oscillator에서 그 성능을 확인할 수 있다. [그림 3-10]은 1.2V에서 측정된 Fanout (F.O.)=1 ring oscillator (R.O.) delay와 트랜지스터 누설 전류 (IOFF)를 보여준다. IOFF-N + IOFF-P가 80nA/um인 높은 VT 소자에 대해서 delay는 5.5ps이다. IOFF-N + IOFF-P가 800nA/um인 낮은 VT 소자에 대해서 delay는 4.6ps이다.

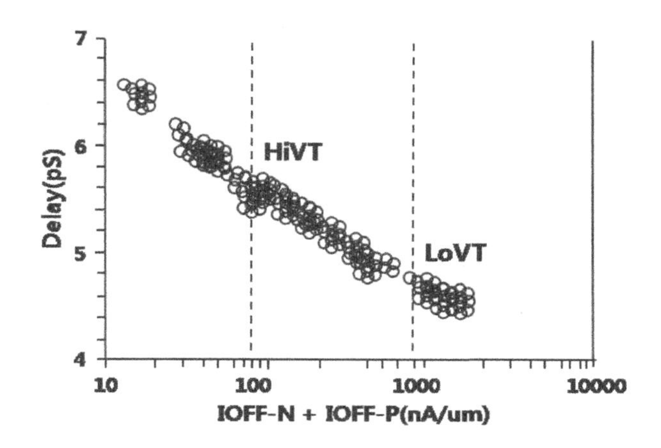

[그림 3-10] Ring Oscillator delay for Fanout = 1 vs. NMOS와 PMOS의 IOFF의 합.

[그림 3-11]은 1.0um^2 6-T SRAM (six-transistor static-random-access-memory) bit cell를 사용하는 50Mb SRAM에 대한 동작 검증용 그래프를 보여준다. 앞의 SRAM은 VDD= 0.65V까지 낮춰도 사용 가능하다. Low voltage의 SRAM은 핸드폰에 사용되는 배터리를 길게 사용할 수 있게 하는 중요한 요소이다. Strained 실리콘은 strained PMOS가 NMOS threshold voltage 값의 문제를 해결할 수 있도록 도와주기 때문에 VCC의 최소값이 증가된다. 그러므로 Strained 실리콘은 90nm 트랜지스터의 performance와 power을 모두 끌어올릴 수 있게 한다.

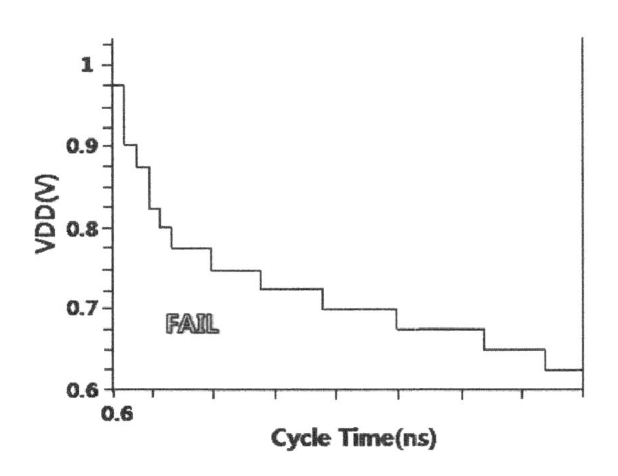

[그림 3-11] V_{DD}=0.65V까지 낮춰 작동하는 50Mb SRAM.

Reference

[1] Mistry, Khyati, et al. "Delaying forever: Uniaxial strained silicon transistors in a 90nm CMOS technology." Symposium on VLSI Technology, 2004, pp 50-51

[2] Thompson, Scott E., et al. "A 90-nm logic technology featuring strained-silicon." Electron Devices, IEEE Transactions on 51.11 (2004): 1790-1797.

2 65nm 반도체 기술

2-1. 65nm 구현을 위한 이전의 문제점

Uniaxial strained 실리콘 기술은 90nm 트랜지스터를 소개할 때 언급했듯 carrier mobility와 성능을 향상시키기 위해 비용과 여러 이득이 있다는 것이 증명되었다. 하지만 집적도를 2배 증가시키기 위해 65nm까지 트랜지스터를 축소하였을 때 90nm에서 사용된 기술들이 leakage current을 잘 조절할 수 있을지는 확실하지 않았다.

이번 65nm 트랜지스터 부분에서는 performance와 low power consumption의 목적을 둘 다 충족시키는 uniaxial strained 실리콘과 트랜지스터 leakage power의 방지를 특징으로 하는 인텔에서 2005년에 발표한 65nm logic SOC platform 공정 기술을 소개한다.

2-2. 사용된 기술

a. 65nm 트랜지스터의 공정 특징

Dual gate oxide/multi-Vt integration scheme은 65nm SOC process 기술에 사용된다. 대부분의 65nm 트랜지스터 설계 규칙은 [표 3-1]에서 나온 것들을 제외한 65nm 트랜지스터의 high performance을 가진 CPU technology을 기본으로 한다. Poly gate 길이와 gate oxide layer 두께는 sub-threshold slope와 gate leakage를 감소하기 위해 중요하다. 다른 중요 공정 특징은 193nm APSM lithography poly patterning와 narrow line resistance을 향상시키기 위한 2세대 nickel silicidation가 있다. SOC 구성 요소는 high voltage I/O 충족을 위한 I/O 트랜지스터와 아날로그 회로의 필요를 위한 선택적 정밀 선형 수동적 요소(resistor, capacitor, inductor)을 포함한다. Low power SOC 공정은 wafer를 제작하는 비용을 감소시키기 위해 인텔의 65nm 300mm wafer 크기를 제작하는 fab의 어느 곳에서나 나란히 진행될 수 있다.

[표 3-1] 인텔 65nm 기술의 높은 전력 CPU 버전 vs. 낮은 전력의 트랜지스터 설계 룰의 요약.

	High Perf. CPU Process	Low Power SOC Process	
Transistor	Logic	Logic	I/O
Nom. Volt	1.0/1.1V	1.2V	1.5-5V
Tox	1.2nm	1.7nm	5nm
Min. Gate Length	35nm	55nm	160nm
Cont-Gate Pitch	220nm	240nm	400nm
SRAM Cell(μm^2)	0.57	0.68	

b. 65nm의 트랜지스터 구조

PMOS strained silicon 트랜지스터는 [그림 3-12]에서 보여지는 uniaxial와 local compressive strain을 발생하기 위해 selective SiGe epi에 의해 생산된다. NMOS uniaxial tensile strain은 [그림 3-13]에서 보여지는 것처럼 tensile cap film에 의해 유도된다. Low power process가 [그림 3-14]에서처럼 gate 길이가 증가함에 따라서, uniaxial strained 실리콘으로부터 85% 수준의 performance까지 떨어진다는 것을 알 수 있다. 향상

된 performance은 더 낮은 sub-threshold slope 및 leakage current 에 대한 균형을 유지할 수 있도록 해준다.

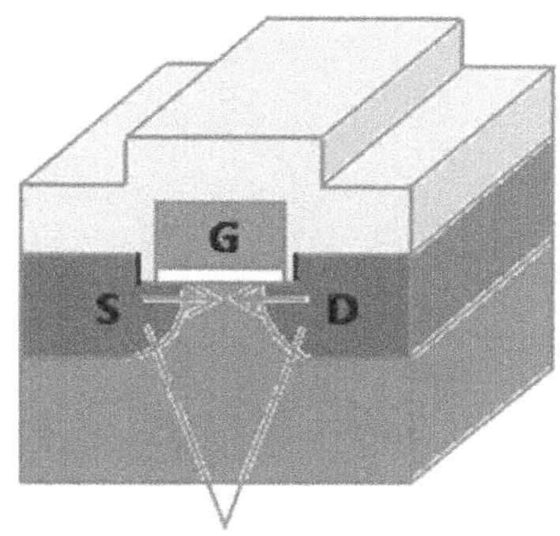

[그림 3-12] 낮은 전력 공정으로 개발된 PMOS uniaxial strained 실리콘 트랜지스터

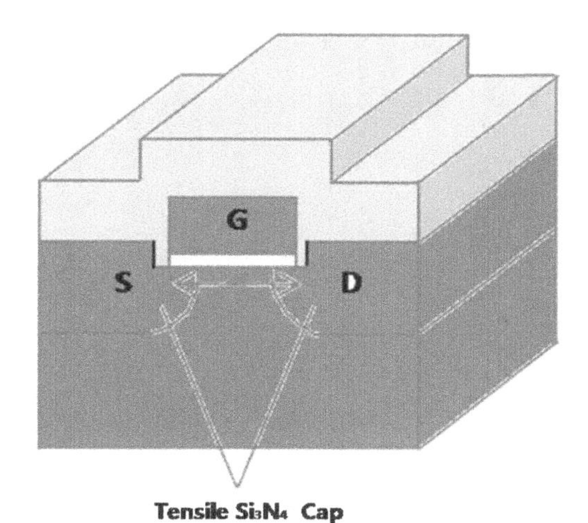

[그림 3-13] 낮은 전력 공정으로 개발된 NMOS uniaxial strained 실리콘 트랜지스터

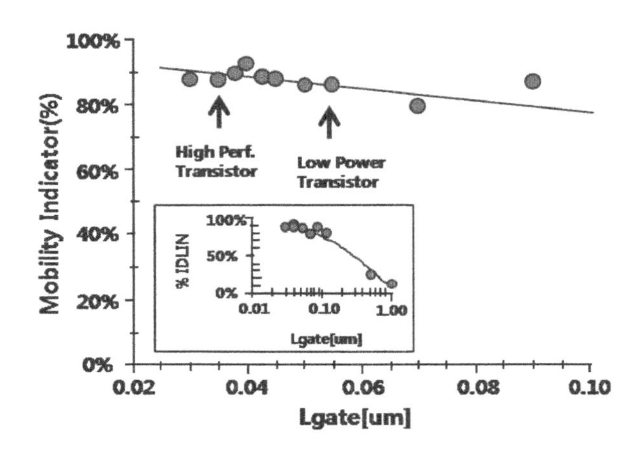

[그림 3-14] 트랜지스터 gate 길이에 따른 PMOS mobility

SOC process의 PMOS와 NMOS Ion-Ioff (subthreshold leakage) 그래프는 [그림 3-15]와 [그림 3-16]에서 각각 기준이 되어있다. 그래프를 보면 알 수 있듯이, SOC process로부터, 전압 1.2V, 100 pA/μm에서 0.38/0.66 mA/μm 수준의 p/n-channel 트랜지스터의 drive current가 측정된다.

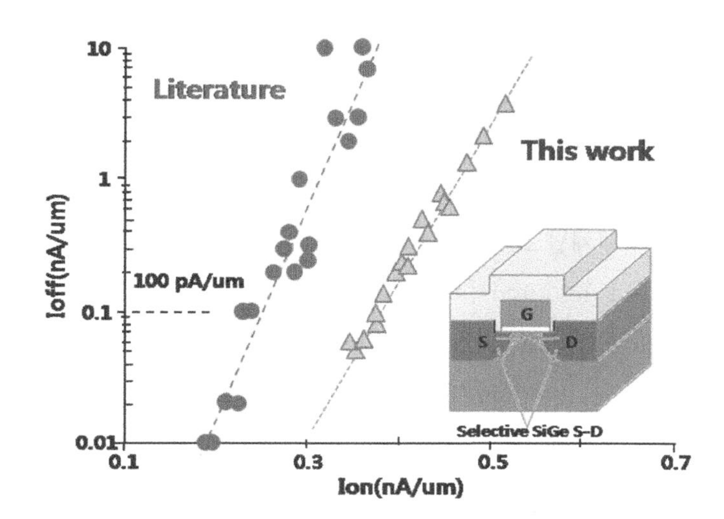

[그림 3-15] PMOS Ion–Ioff benchmark at 1.2V

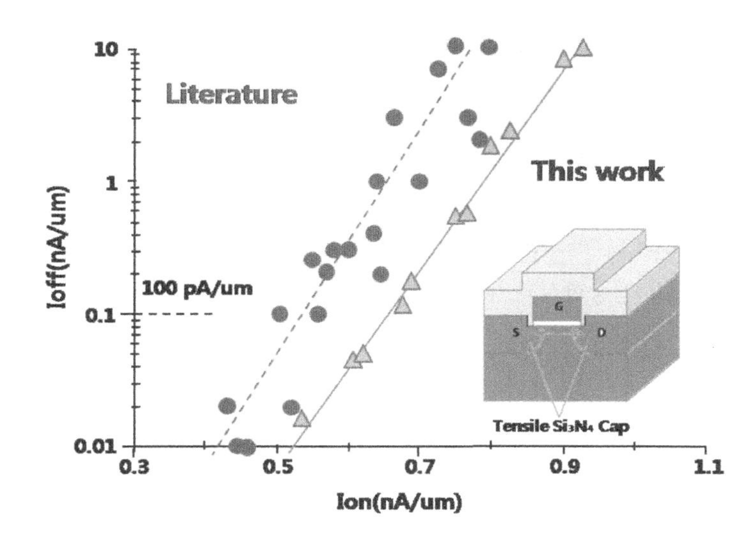

[그림 3-16] NMOS Ion–Ioff benchmark at 1.2V

Low power을 실현하기 위해서는 gate oxide layer의 두께, junction depth, sub-threshold leakage들이 감소되는 것이 필요하다. gate oxide layer 두께의 조절과 gate nitridation의 최적화는 순수한 SiO_2으로부터 ~10x까지 gate leakage을 감소시킨다. 하지만 gate oxide layer 두께를 감소시키는 것은 단채널 효과 (short channel effect)에 의한 문제 때문에 sub-threshold leakage가 증가되는 좋지 않은 방법이다. 비록 threshold voltage가 같은 node의 기술에서 high performance logic 공정과 비교할 때 low leakage process보다 높을지 모른다. 하지만 doping 농도의 결정을 통해서 성능을 잘 나올 수 있게 하는 것은 channel inversion charge의 조절을 유지하기 위한 gate 전극을 위해서만 행해져야만 한다. 이것은 낮은 전압 operation (V_{CC} ~ 0.9V)에서도 성능을 잘 나올게 할 뿐만 아니라 낮은 전압에서 회로의 성능을 제한하는 결함들에 더 높은 감지를 할 수도 있다.

Sub-threshold leakage을 추가적으로 감소시키는 것은 source/drain spacer을 잘 조절함으로써 얻어 낼 수 있다. 이것은 채널로부터 깊은 source/drain 접합과 Short Channel Effect가 증가하는 것을 막아내는 효과를 갖는다. 중요한 문제는 stressor layer가 채널 부분으로부터 물리적으로 제거된 이후, uniaxial stress에서의 감소뿐만 아니라 parasitic R_{EXT}의 증가이다. 하지만 이것은 성능향상과 누설잔류량 사이의 괜찮은 균형을 유지할 수 있도록 해준다.

100nm 이하의 CMOS 트랜지스터에 대한 junction leakage의 2가지 중요한 점이 있다; 높은 농도로 doping한 source/drain으로 생긴 damage에 의한 trap-assisted leakage와 short channel effect를 잘 조절하고 낮은 R_{EXT}를 위해 요구되는 매우 steep하고 높은 농도로 doping된 source/

drain 때문에 생긴 band-to-band tunneling leakage. 높은 농도로 doping하는 것에 대한 문제의 감소는 dopant의 종류와 doping농도를 바꾸는 것으로 해결할 수 있다. 또한 doping 농도 조절이 더 높게 R_{EXT}를 증가시키지만 source/drain extension과 junction의 등급을 잘 나눔으로써 band-to-band tunneling leakage를 감소시킬 수 있다. 하지만 트랜지스터 성능에서 R_{EXT}가 증가하는 것은 strained 실리콘의 performance 이익을 떨어뜨릴 수 있다.

이러한 low damage junction engineering은 SOC process에서 적용되고 있다. 그리고 이것은 좋은 short channel effect의 조절을 유지하는 동안 100x까지 junction leakage를 감소하는 효과를 갖는다. 게다가 매우 낮은 power process 최적화를 위해 사용되는 새로운 표인 Ion-ILKG을 볼 수 있다. 여기서 ILKG는 ON-state와 OFF-state의 평균 leakage이다 [ILKG = $\frac{1}{2}$ ("ON" State Leakage) + $\frac{1}{2}$ ("OFF" State Leakage) = $\frac{1}{2}$ (Igate (ON))+ $\frac{1}{2}$ (Ioff + Ijunction+ Igate (OFF))].

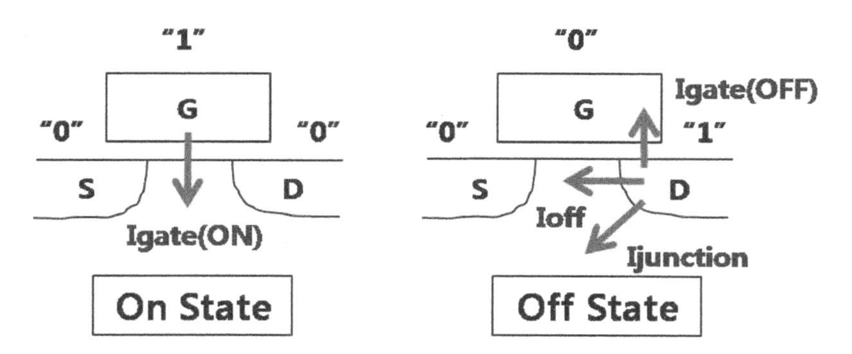

[그림 3-17] ILKG 정의에 사용된 Nomenclatures

[그림 3-18]은 Ion-ILKG 그래프에서 사용되는 모든 static leakage 요소들을 고려할 때 각각 PMOS와 NMOS에 대한 process 최적화를 보여준다. 공정 I and II는 더 얇은 gate oxide layer을 갖고 있고 비록 ultra low power application에 좋지 않은 total static leakage를 갖지만 더 좋은 short channel effect와 더 높은 drive current를 제공한다. 더 최적화된 ultra low power 공정은 total static leakage을 ~1000x까지 감소시킨다. [그림 3-19]는 subthreshold swing이 100mV/decade보다 낮은 수준으로 최적화된 공정의 전형적인 I-V 그래프와 sub-threshold 그래프를 보여준다.

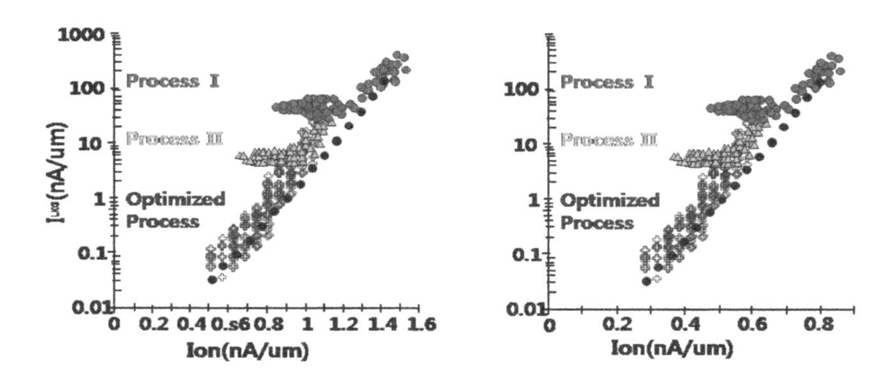

[그림 3-18] NMOS (left) and PMOS (right) total leakage, ILGK, vs. drive current, Ion, at 1.2V

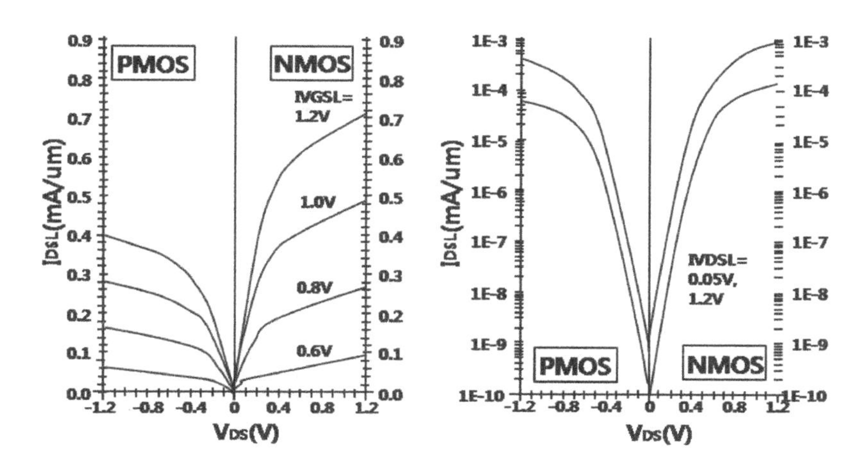

[그림 3-19] 트랜지스터 ID-VD 그래프(왼쪽)와 Sub-threshold slope을 보여주는 그래프(오른쪽)

c. Interconnect 구조

8개의 interconnect layer들이 서로 연결된 낮은 resistance와 capacitance에 대해 탄소로 doping된 carbon-doped oxide (CDO) ILD가 사용된다. 붙어있는 interconnect pitch들은 [표 3-2]와 같이 증가된 집적도를 제공하기 위해 low power 기술에 사용된다.

[표 3-2] High performance process와 SOC process의 interconnect 설계 rule 요소

	High Perf. CPU Process	Low Power SOC Process	Lithography
MT1	210nm	210nm	193nm
MT2	210nm	210nm	193nm
MT3	220nm	220nm	193nm
MT4	280nm	280nm	248nm
MT5	330nm	275nm	248nm
MT6	480nm	280nm	248nm
MT7	720nm	420nm	248nm
MT8	1080nm	1080nm	248nm

Low power에 사용되는 interconnect pitch는 높은 전력 CPU에서 사용되는 넓은 메탈 pitch에 최적화된 RC power와 대조된다. 금속화 모듈 (Cu barrier/seed/plating/CMP)은 전자적 완화와 이익을 충족하기 위한 금속화 상태를 증가시킨다.

d. 메모리 Cell

0.68 um^2 셀 크기를 가지는 50Mb SRAM 테스트 칩은 SOC process로 제조되고 있다. 이 셀은 low voltage application에 위한 static noise margins향상과 leakage 감소를 위해 high power CPU에 사용되는 것보다 약간 더 크기가 크다.

역동적으로 조절된 NMOS sleep 트랜지스터와 같이, leakage 감소 scheme은 SRAM stand-by leakage power을 감소시키기 위해 시행된다. SRAM cell virtual ground voltage은 대기모드 중에 저장된 데이터를 온전하게 유지할 수 있도록 공정을 거치고 전압을 조절할 수 있게 하는 NMOS bias 트랜지스터에 의해 통제된다. 정상보다 높은 가상의 SRAM cell ground voltage은 트랜지스터 gate와 sub-threshold leakage를 감소시킨다. Low power SRAM transistor는 cell leakage 감소에서 sleep 트랜지스터의 이익을 최대화하기 위해 낮은 junction leakage을 가질 수 있도록 설계된다. Stand-by leakage 감소는 좋은 oxide reliability을 유지하는 동안 ultra low power의 strained silicon 트랜지스터와 sleep 트랜지스터 기술들의 결합을 이루게 한다.

References

[1] Jan, C-H., et al. "A 65nm ultra low power logic platform technology using uni-axial strained silicon transistors." IEEE InternationalElectron Devices Meeting, 2005. IEDM Technical Digest.. 2005.

[2] Steegen, A., et al. "65nm CMOS technology for low power applications." *Electron Devices Meeting, 2005. IEDM Technical Digest. IEEE International*. IEEE, 2005.

3 45nm 반도체 기술

3-1. 45nm 구현을 위한 이전의 문제점

Device 크기가 점점 작아짐에 따라서 이상적인 전류 값에 미치지 못하거나 소자의 성능이 되레 저하되는 여러 가지 요인들이 나타나기 시작하였다. SCE(Short channel effect)와 dielectric의 scaling, 이 두 가지 큰 문제가 65nm이하의 scaling을 필요로 하면서 대두되기 시작하였다.

SCE란 말 그대로 channel 길이가 줄어듦에 따라서 발생하는 여러 가지 문제들을 말한다. Electron의 drift에 저하를 가져오거나 threshold voltage를 변하게 하는 등의 효과를 가져온다. SCE는 크게 5가지로 분류된다. DIBL (Drain-induced barrier lowering), surface scattering, velocity saturation, impact ionization, hot electrons 의 5가지의 문제가 있다.

DIBL이란([그림 3-20] 참고) drain에 가해지는 전압 때문에 channel의 barrier가 낮아지는 현상이다. 채널의 barrier가 너무 낮아지면 전류가 saturation되지 않는다. 이는 thinner oxide로 해결할 수 있으나 결론적으로 dielectric의 두께를 더욱더 scaling해야 한다는 어려움이 발생한다.

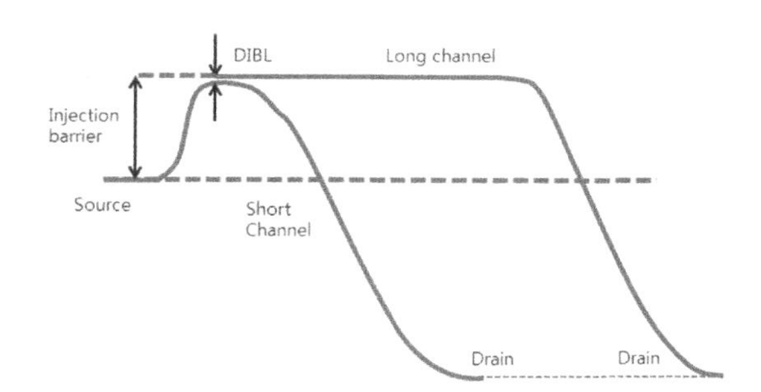

[그림 3-20] DIBL: drain voltage가 증가함에 따라 source-to-channel injection barrier의 높이 감소.

Surface scattering이란 channel을 이동하면서 전류를 흐르게 하는 carrier가 channel 과 dielectric의 계면에 충돌하면서 생기는 문제를 말한다. 이는 carrier의 mobility 감소를 유발하며 이는 곧 on current 감소로 이어져 소자성능에 악영향을 준다.

Velocity saturation이란 소자의 크기가 작아지면서 electric field가 carrier 이동 속도에 영향을 주어 drain current가 이 현상에 의해 제한되는 것을 말한다.

Impact ionization이란 특히 NMOS에서 많이 발생하는 SCE로 짧은 채널 길이와 높은 electric field에 의해 electron-hole (e-h) pair가 발생해서 생기는 문제이다.

Hot electron현상이란 채널을 이동하는 electron이 짧은 채널 길이에서 높은 에너지를 가지게 되면서 dielectric 안으로 들어가 dielectric에 손상을 주는 것을 말한다.

위와 같은 SCE들을 해결하기 위한 방법을 45nm node에서 고민함과 동시에 dielectric의 두께에 대한 연구도 지속되었다.

소자의 크기를 Moore's law에 따라 줄여감에 따라서 gate와 채널 사이에 있는 dielectric의 scaling 문제가 불거지기 시작했다. gate length와 같이 dielectric의 scaling 또한 매 technology node마다 0.75배씩 감소시켜야 했다. 소자의 크기가 줄면 줄수록 dielectric의 두께도 줄여가면서 그에 해당하는 여러 가지 불필요한 요소들이 생기게 되었고, 이를 해결하기 위한 방법을 engineer들은 고안하기 시작하였다.

기존의 두꺼운 dielectric에서는 적당한 두께를 유지하면서 dielectric을 통과하는 누설 전류가 나타나지 않게 할 수 있었다. 그러나 점점 소자의 크기가 줄어가면서 dielectric의 두께를 줄이면 줄일수록 누설 전류뿐만 아니라 채널에 흐르는 electron과 채널, dielectric 계면 사이의 충돌 등 여러 가지 문제가 발생하게 된다. 따라서 dielectric의 두께를 두껍게 하는 것이 이러한 문제들을 해결하는 방법이 된다. 하지만 기존에 썼던 SiO_2의 두께를 줄이지 않으면 MOSCAP의 cap 성분이 줄어들게 되어 충분한 전류를 흐르게 할 수 없게 되었다. 따라서 이러한 trade-off 때문에 dielectric의 두께를 얇게 가져가면서도 기존에 썼던 capacitance값은 유지할 수 있는 방법을 고안하게 되었는데, 이에 대한 해결 방법이 high-k 물질의 사용이다.

High-k 물질에는 대표적으로 HfO_2 등이 있는데 이러한 high-k (물질의 유전상수가 SiO_2보다 큰 물질, $C = \epsilon_r \epsilon_0 \frac{A}{d}$의 식에서 유전상수 값이 SiO_2 보다 크게 때문에 SiO_2와 같은 두께일 때 더 큰 capacitance 값을 가지게 됨) 물질을 사용하게 됨으로써 위의 trade-off 문제를 해결할 수 있게 되었다.

그러나 high-k물질을 사용하다 보니 또 다른 문제가 나타나게 되었는데, 바로 기존에 사용하던 polysilicon 물질과의 접합 문제였다. 65nm 공정에서는 polysilicon gate를 썼다. 이 polysilicon gate와 high-k dielectric을 같이 쓰다 보니 fermi level pinning이라는 현상이 나타나게 되었다.

Fermi level pinning 현상이란, polysilicon의 effective work function (EWF, 진공 상태에서의 work function과 다름. 실제 소자를 만들고 그 소자에서 실측된 값의 work function 즉, 여러 가지 charge의 영향을 받은 상태에서의 work function을 의미)이 high-k 물질과 붙어있을 경우 doping으로 쉽게 조절할 수 없는 현상을 말한다. 이는 곧 complementary MOS (CMOS)에서 EWF 가 하나로 고정되어 있게 되면, 예를 들어 NMOS에 적합한 상태로 고정되게 되면, PMOS를 만들었을 때의 work function을 doping만으로 조절할 수 없는 상태가 되기 때문에 PMOS의 threshold voltage가 매우 커지게 되는 문제를 야기한다. 이러한 문제가 발생했기 때문에 polysilicon을 쓰는 공정에서 다시 metal gate를 쓰는 공정으로 45nm에서는 바꾸게 되었다.

또한 소자의 크기를 줄임과 동시에 기존에 쓰던 전류 레벨보다 한층 더 높은 전류 (NMOS의 경우 on current가 12% 증가, PMOS의 경우 on current가 51% 증가)를 얻어낼 수 있었다. 소자의 크기를 줄임과 동시에 전류의 양도 증가시키는 공정의 방법들에 대하여 알아보기 위해 이제 아래에서 45nm에서 쓰이는 실제 공정들을 하나씩 설명하도록 하겠다.

3-2. 사용된 기술

1) High-k [1]

위에서 언급된 high-k 물질에는 여러 가지가 있다. high-k물질은 1970년대에 처음으로 연구되었으나, 1980년대에 Nitride SiO_2의 뛰어난 reliability가 연구되면서 수면 아래로 가라앉았다. 그러나 1990년대 다시 연구가 시작되면서 silicon과의 좋은 thermal stability특성을 갖는 HfO_2, ZrO_2, 이 두 high-k물질에 시선이 집중되었다.

material	Band gap (eV)	Relative Dielectric constant	Conduction band offset(eV)
SiO2	9	3.9	3.15
Al2O3	8.8	9.5-12	2.8
ZrO2	5.7-5.8	12-16	1.4-1.5
HfO2	4.5-6	16-30	1.5
ZrSiO4	~6	10-12	1.5
HfSiO4	~6	~10	1.5

[그림 3-21] High-k 물질과 각 물질 별 특성 값

SiO_2의 유전상수 값은 3.9이며, HfO_2의 경우 20의 높은 유전상수 값을 가진다[그림 3-21]. Dielectric의 특징은 EOT(Effective oxide thickness)로 규정지을 수 있는데 SiO_2와 HfO_2의 경우 둘의 capacitance 값이 같다고 할 때 HfO_2의 두께가 SiO_2의 두께보다 5배정도 크게 된다. 따라서 같은 capacitance 값을 가지는 상태에서 두께가 더 두꺼워질 수 있으므로 dielectric의 두께가 얇아지기 때문에 발생하는 여러 가지 문제 (leakage current, carrier mobility degradation, carrier scattering, etc.)를

해결할 수 있게 된다.

많이 쓰이고 있는 high-k 물질인 HfO_2의 특성에 대해 설명하자면, 우선 유전상수 값이 매우 크고, breakdown voltage가 매우 높다는 것이 있다. 이러한 특징 때문에 SiO_2다음으로 가장 많은 관심을 받고 있는 물질이 되었다.

High-k의 deposition은 ALD(Atomic layer deposition)를 통해 이루어진다[그림 3-22].

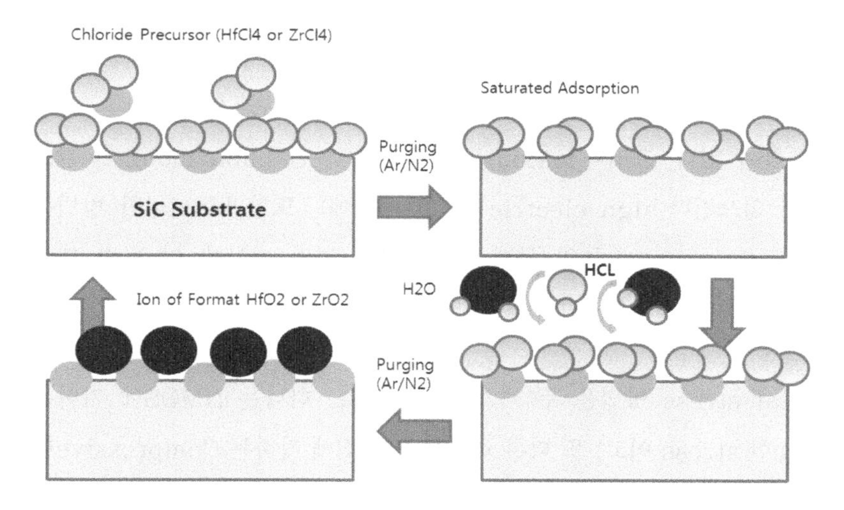

[그림 3-22] ALD 공정 과정을 나타낸 도식도

2) Metal gate strain enhancement [1]

정해진 소자의 크기 내에서 소자의 성능을 향상시키는 노력이 45nm node에서 지속되었다. 이러한 노력의 결과물 중 하나가 metal gate에 stress (=strain)를 가해 carrier의 mobility를 향상시켜 on current를 증가시키려는 것이었다.

Stress를 가한다는 의미는, carrier들이 이동하는 어떤 공간에 특정한 압력 등의 효과를 주어 carrier가 더 빨리 이동하도록 하게 함을 말한다. 이러한 stress 효과는 크게 두 가지로 분류할 수 있는데 CMOS 전체 즉, NMOS와 PMOS둘 모두에 carrier mobility 향상을 불러오도록 하는 것과 전자/양공 각각의 mobility 향상을 불러오도록 하는 것이 있다. 전자를 biaxial stress, 후자를 uniaxial stress라 부른다.

첫 번째로 biaxial stress의 방법은 $Si_{1-x}Ge_x$ 이용하는 것이다. 이 방법은 Ge라는 물질 자체의 특성을 이용한 방법이다. Ge의 carrier mobility는 Si에 비해 몇 배나 높아 (electron의 경우 3배, hole의 경우 약 4배 가까이 됨) Si와 alloy 하게 혼합하여 쓸 경우 두 종류의 carrier 모두의 mobility 향상에 기여할 수 있다. 그러나 biaxial 한 방법은 PMOS의 hole mobility 감소를 불러 일으킨다(high electric field 때문에). 또한 biaxial한 방법은 misfit, dislocation 등의 문제점을 가지고 있기 때문에 이 방법 대신 uniaxial한 방법을 더 많이 사용하게 된다.

Uniaxial stress 방법은 두 가지로 분류된다. 하나는 NMOS에 가하는 Tensile한 stress 이고, 또 다른 하나는 PMOS에 가하는 Compressive한 stress이다[그림 3-23].

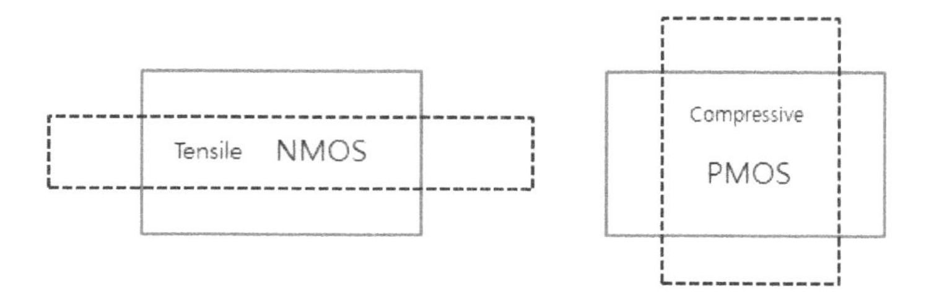

[그림 3-23] NMOS의 Tensile stress와 PMOS의 Compressive stress

NMOS에 가해지는 Tensile stress란 단순하게 설명하면 Si에 비해 원자 크기가 작은 C를 혼합하여 source, drain에 사용함으로써 채널이 양 방향으로 늘어날 수 있는 stress를 가해주는 것을 의미한다. 원자들 간의 공간이 늘어나기 때문에 NMOS의 electron들이 움직이는 mobility가 향상되는 효과를 나타낸다. 이를 eSiC 공정이라 한다.

반대로 PMOS에 가해지는 Compressive stress란 Si에 비해 원자 크기가 큰 Ge를 혼합하여 source, drain에 사용함으로써 채널이 양 방향으로 줄어드는 stress를 가해주는 것을 의미한다. 원자들 간의 공간이 줄어들기 때문에 PMOS의 hole들의 mobility가 향상되는 효과를 나타낸다. 이를 eSiGe 공정이라 한다.

위의 두 대표적인 공정 방법 외에도 Tensile stress에는 Metal stress, SMT(Stress memorization technology), CESL(Contact Etch Stop Liner) 등의 방법이, Compressive stress에는 Gate last 등의 방법이 있다.

위의 방법들 중 SMT의 경우 poly silicon gate에 가하는 것[그림 3-24]과 source/drain에 가하는[그림 3-25] 두 가지 방법이 있다. 전자는 polysilicon이 annealing 공정에서 팽창되는 효과를 사용하는 것이다. 팽창되는 압력이 채널 부분에 전달이 되면서 stress 효과를 주게 되며 이 효과를 NMOS에 사용할 수 있었다. 그러나 이 방법은 metal gate MOSFET에 사용할 수 없으므로 사용이 중지되었다. 후자는 solid phase epitaxial growth 과정에서 S/D에 가해지는 tensile stress liner compress 효과를 활용한 것이다. 이는 Thin body MOSFET에 사용할 수 없다.

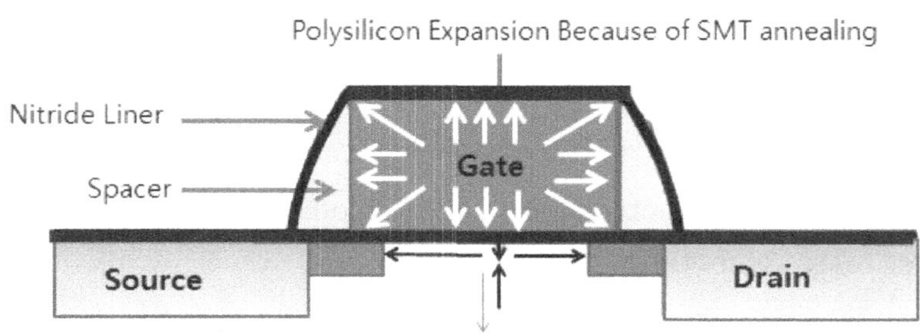

[그림 3-24] SMT annealing에 의한 Polysilicon expansion. Tensile stress를 가하게 된다.

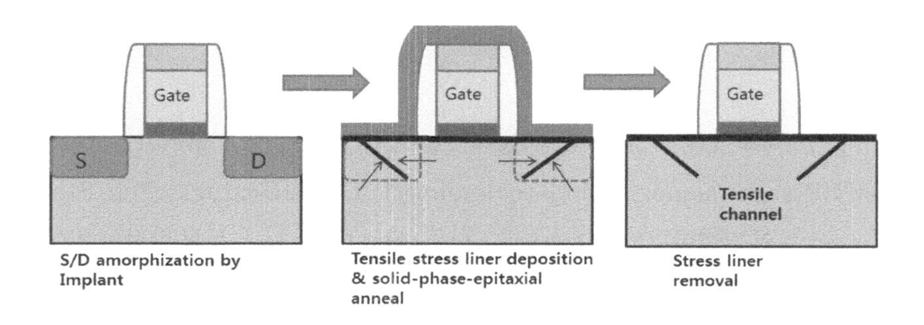

[그림 3-25] Tensile stress liner를 이용한 S/D stress 공정

CESL[그림 3-26]의 경우 Dual Stress Liner(DSL) process 공정 과정을 통해 stress를 가한다. 이는 소자의 크기가 작아지면서 사용이 중단되었다. 또 다른 stress method인 Gate last에 대해서는 뒤에서 다루도록 한다.

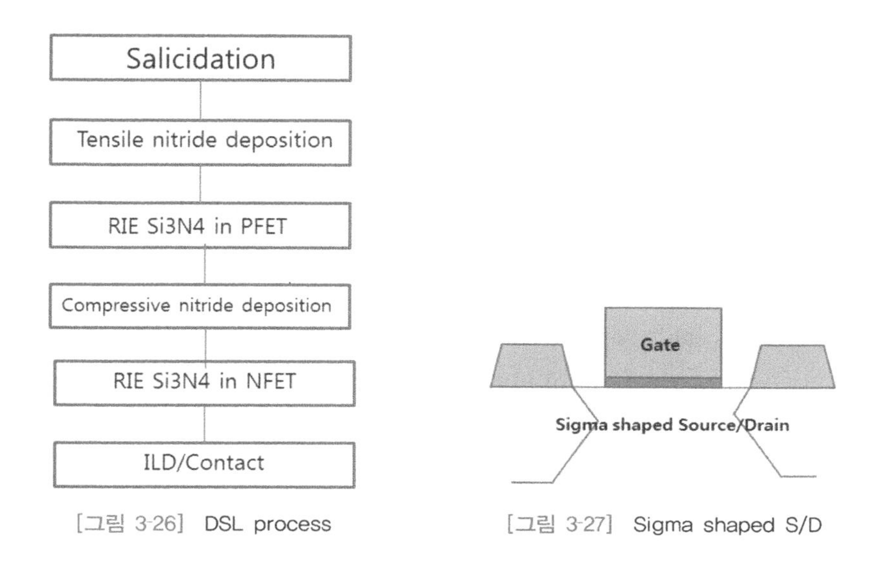

[그림 3-26] DSL process

[그림 3-27] Sigma shaped S/D

3) Sigma shape [2]

Sigma shape공정[그림 3-27]이란 45nm node에서 나온 전류 증가를 위한 한 가지 방법이다. 여기서 말하는 Sigma shape이란 채널과 source, drain의 경계 면 모양이 Σ모양인 것을 의미한다. 채널과 S/D사이 경계면 모양을 sigma 모양으로 하는 방법을 통해 hole과 electron 둘 모두의 mobility가 향상될 수 있다. sigma shaped Source, Drain을 통해 SCE(Short Channel Effect)의 영향을 줄이고, 또한 PMOS의 저항을 줄이는 효과를 볼 수 있다. 기존의 것 보다 sigma shape을 사용할 경우 stress가 향상되는 연구 결과가 나타났기 때문에 이러한 모양을 사용하였다.

4) Gate last process [그림 3-28]

45nm에서는 polysilicon 대신 metal gate를 사용하였는데, metal의 녹는점이 그렇게 높지 않기 때문에 gate공정을 모두 끝낸 상태에서 annealing

공정을 거치게 되면 metal gate에 손상이 가게 되었다. 따라서 이를 해결하기 위해 처음 annealing공정을 하기 전에 dummy gate (쉽게 이해하면 실제 쓰일 gate를 올리기 전 gate의 위치를 잡아주는 역할을 하는 gate) 공정을 미리 한 뒤 annealing을 거치고 난 후 실제로 쓰일 gate공정을 마지막에 처리함으로써 열을 받지 않은 상태의 순수한 metal을 사용한다.

Gate last process는 replacement metal gate(RMG) 라고도 불리며, 단점은 공정 단계가 복잡하고 가격이 비싸진다는 점이 있다. 하지만 workfunction controllability가 좋고 EOT(Effective oxide thickness)가 더 얇고 thermal budget이 낮으며 carrier의 mobility을 높이는 장점들이 있기 때문에 gate last 공정을 사용한다.

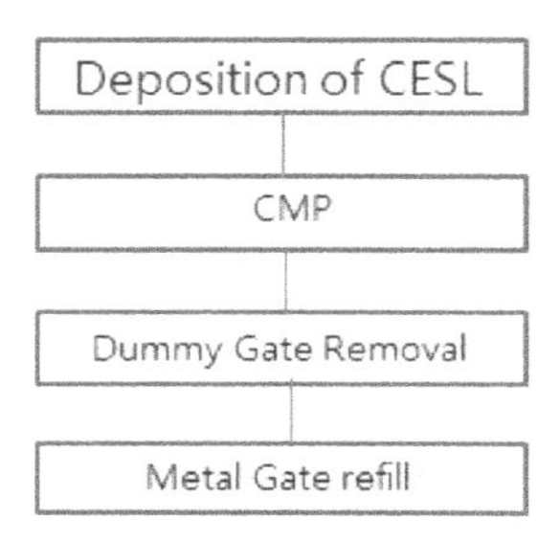

[그림 3-28] Process of gate last

3-3. 45nm and future

지금까지 45nm node process에 대하여 살펴보았다. 기존 65nm기술에서의 단점을 보완하고자 제시된 연구 결과들에 대하여 간단하게 살펴보았다. 65nm에서 가졌던 한계들을 보완해나가면서 다시 Moore's Law에 따라 MOSFET scaling이 가능해졌다. 그러나 45nm기술은 또다시 2년 정도의 시간이 흐르면서 0.75배 scaling을 해줘야 한다는 문제를 갖게 된다. 45nm

다음 node로 32nm node를 만들고자 하는 노력들이 시작되었다. 65nm에서 45nm가 되면서 적용한 기술들은 상당히 획기적인 기술들이었다. 따라서 45nm에서 32nm로 가는 길에 장애물은 많지 않았으나, 소자 크기가 더 작아짐에 따라 다양한 문제들이 발생하였다.

References

[1] C. Auth, "45nm High-k + Metal Gate Strain-Enhanced CMOS Transistors," Custom Integrated Circuits Conference. 2008, 379-386

[2] H. Ohta, K. Hashimoto, et al. "High performance 30 nm gate bulk CMOS for 45 nm node with /spl Sigma/-shaped SiGe-SD," International Electron Devices Meeting. 2005, 4 pp. -240.

4 32nm 반도체 기술

4-1. 32nm 구현을 위한 이전의 문제점

45nm node에서 쓰인 공정 기술들은 32nm공정에서도 지속되어 사용되었다. 45nm기술과 32nm기술 사이에 큰 차이점은 없으나 45nm에서 쓰인 gate last 공정 다음으로 32nm에서 나타난 high-k last 그리고 소자 크기가 작아짐에 따라 발생하는 저항 문제를 해결하기 위한 raised source/drain에 대해 살펴보도록 하자.

4-2. 사용된 기술

1) High-k last [그림 3-29]

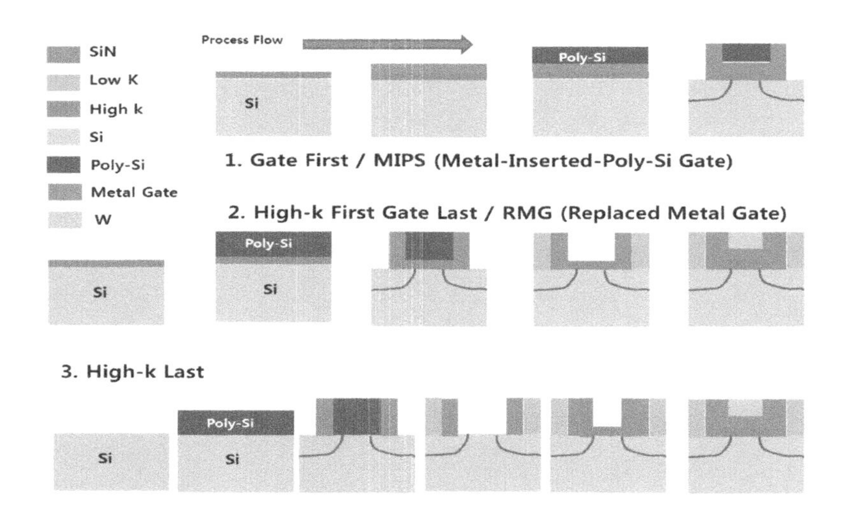

[그림 3-29] High-k last process

High-k last란 gate last와 같은 맥락에서 생각하면 된다. Gate last기술의 경우 high-k를 deposition 시킨 상태에서 annealing과정을 거치고 그 후 gate를 올렸으므로 high-k부분에 열이 가해져 EOT가 커지며 다른 이온이나 carrier의 침범이 일어나는 문제가 발생하였다. 따라서 이 문제를 해결하기 위해서 32nm에서 사용한 공정은 high-k last 즉, high-k layer도 마지막에 공정하는 과정을 포함하였다. 다시 말하면 gate last와 high-k last의 합이라 할 수 있다.

이 공정을 통해 EOT를 high-k first에 비해 줄일 수 있고 또한 thermal budget (열 공정에 의해 전달된 총 열 에너지)이 없으므로 그에 해당하는 defect 또한 줄일 수 있다.

2) Raised Source Drain (RSD)

소자의 크기를 줄이다 보니, 채널 두께나 source/drain의 총 부피가 작아져 결론적으로 소자의 전체 저항이 커지는 현상이 나타나게 된다. 따라서 이를 해결하기 위한 방법으로 채널에 직접적으로 연결된 부분에서 약간 벗어난 부분의 source, drain 면적을 키우는 방법이 고안되었다.

Raised Source와 Drain을 만들 때 주의하여야 할 점은 gate와 분리되어야 한다는 점이다. 이때 분리시켜주는 역할을 하는 것이 gate 양쪽 side에 있는 spacer이다. 이러한 방법을 이용하여, 소자 내의 저항 성분을 줄이는 방법을 통해 on current를 증가시킬 수 있게 되었다.

(1) 32nm의 한계

MOSFET의 채널 길이가 매우 짧아져 현재의 디자인으로는 leakage

current나 전류를 조절하는데 있어서 문제가 많이 발생했다. 따라서 gate를 여러 개 사용하여 channel에 흐르는 전류를 gate가 하나일 때 보다 더 잘 제어할 수 있는 방법을 연구해야 했다. 그에 따라, 채널 길이가 짧은 만큼 비례하여 증가하는 SCE를 막기 위하여 기존의 MOSFET과 다른 모양의 소자들이 개발되기 시작한다.

5 22nm 반도체 기술

5-1. 22nm 구현을 위한 이전의 문제점

일반적으로 소자는 크기가 작아질수록 성능이 향상하고 소비전력은 감소하면서 비용 또한 감소한다. 하지만, 소자의 크기가 매우 작아짐에 따라 source와 drain 간의 물리적 거리가 짧아지고, 이는 결국 소자의 gate가 채널에 대한 영향력을 잃어버리게 되는 원인이 된다. 이로 인해, 앞에서 다룬 SCE(short channel effect)는 더욱 심하게 일어나, 소자 개발에 큰 걸림돌이 된다. 특히, 기존 평면 gate 구조의 소자로선 22nm 구현이 매우 어려울 것이라고 인텔에서 언급 된 바가 있었다. 따라서, gate가 채널에 대한 영향력을 지대하게 행사할 수 있는 소자 구현의 필요성이 대두되고 있다. 그 중 하나가 바로 FinFET이다[그림 3-30].

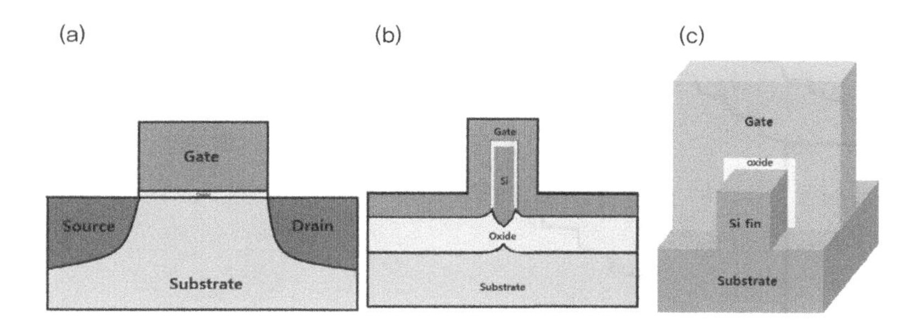

[그림 3-30] (a) 기존 MOSFET, (b) DELTA 단면도 [1], (c) FinFET

FinFET은 UC Berkeley에서 원천기술 개발이 시작되었으며 소자의 채널 구조가 마치 물고기의 지느러미처럼 형성되어 있다는 점에서 붙여진 이름이다. 일본에서는, SOI (Silicon-On-Insulator) 기판 위에 수직 구조의 채널을 형성시켜 DELTA (fully DEpleted Lean channel TrAnsistor) 연구가 진행되었던 바 있었으며, 이후에 UC Berkeley에서 SOI FinFET 으로 발전시켜 활발히 연구가 진행되었다. 하지만 SOI 기판의 특성으로 인하여 비용의 문제점과 채널의 역할을 하는 핀 부분과 실리콘 바디 부분이 Oxide 층으로 인하여 절연되어 있기 때문에 소자 구동 시, 채널의 열을 쉽게 방출하지 못하는 열전도 문제가 있다.

또한, FinFET의 특성상, 솟아 오른 지느러미 모양의 채널인 핀을 만드는 과정에 있어서도 문제가 발생한다. 대표적으로 LER (Line Edge Roughness)을 꼽을 수 있다[그림 3-31]. 이는 핀의 패턴형성을 위한 미세공정인 Lithography 공정 중 생기는 현상으로 매우 짧은 수준의 핀을 만들 때, 핀의 표면이 평평하고 반듯하게 형성되는 것이 아니라, 울퉁불퉁한 모양으로 핀이 형성되는 현상이다.

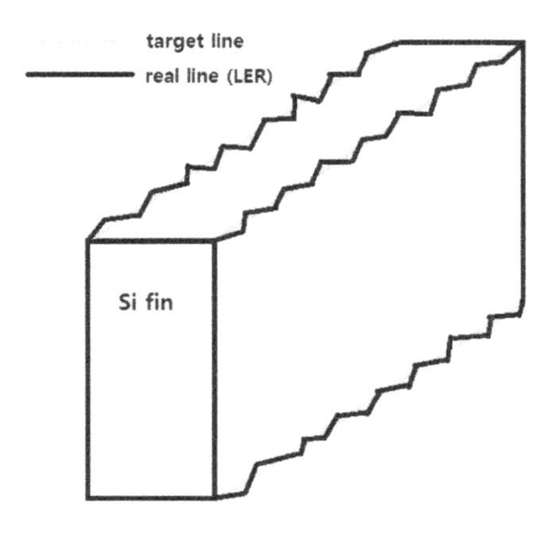

[그림 3-31] Line Edge Roughness 모식도

게다가 이 현상은 확률 과정(Stochastic process) 특성을 띄고 있어, 같은 공정이라 할지라도 생산된 소자 각각의 성능이 달라지는 문제점이 생긴다. 이러한 문제점은 나중에 소자를 이용하여 회로를 구성할 때에 구성된 회로가 정

상적으로 작동이 안되거나 혹은 이상 작동을 하는 데에 영향을 주므로 큰 문제점이 될 수 있다. 따라서, 여러 반도체 foundry 업체들은 이와 같은 문제점을 분석하고 해결방안을 찾아 22nm 기술 구현과 상용화를 진행하였다.

5-2. 사용된 기술

1) Bulk Si FinFET

기존에 먼저 연구되었던 SOI FinFET은 채널과 바디 사이에 절연체로 인하여 연결이 끊어져 있다. 따라서, 전류가 흐를 때 생긴 열이 제대로 방출되지 않는 열전도 문제가 주요한 고질적인 가로막이 된다. 이를 해결하기 위해 SOI 기판 위에 FinFET을 공정하기 보단, 실리콘 기판 위에 BOX(Buried Oxide) 없이, 식각 공정을 통하여 gate 전극이 절연층 위로 솟아오른 핀을 감싸는 형태로 구현되어 기존 SOI FinFET 보다 열전도 문제를 해결하였다. 이러한 FinFET을 Bulk FinFET이라고 지칭한다.

앞서 언급했듯이, FinFET은 채널과 source 모두 물고기 지느러미처럼 위로 솟아 있는 상태로서 gate가 채널만을 세 방향으로 감싸듯이 형성되어 있는 소자이다. 이를 위해서는 기존의 공정과는 달리 새롭게 핀을 형성하는 과정이 필요하다. 간단하게 소개하자면, 우선 기판 위에 PR (Photo Resist)로 패턴을 형성하고 그 후에 식각공정을 통하여 Fin형태를 구현하며, 절연층을 핀 표면에 쌓아 올려 CMP(Chemical Mechanical Polishing)로 평탄화 작업을 실시한 뒤에 다시 식각공정 및 source/drain doping을 진행하는 방식이다 [그림 3-32].

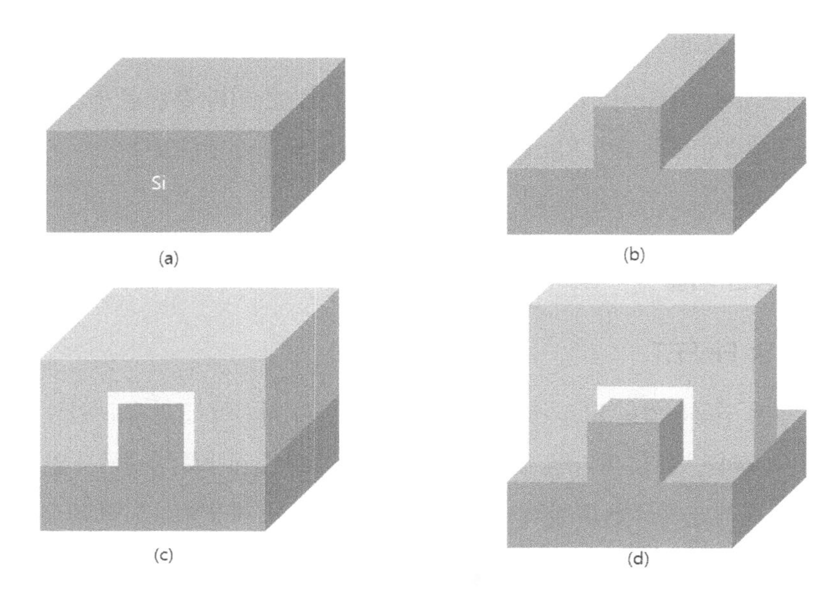

[그림 3-32] 일반적인 FinFET 공정 과정

언뜻 보면 쉽게 보이지만, 사실상 더욱 많은 반복 과정이 그림에선 생략되어 있고, 특히 원하는 핀 모양을 만들기 위해서는 많은 노력과 기술들이 필요하다.

또한, 핀의 구조 비율도 중요하다. 일반적으로 핀은 좁고 높을수록 단채널 효과를 효과적으로 억제하고 성능도 우수하다. 하지만 앞에서도 언급했듯이 핀을 얇고 높게 만드는 과정은 매우 복잡하고 어렵다. 따라서, 핀의 높이, 핀의 너비, 채널 길이의 관계에 대한 많은 연구가 진행되었고 그 결과, 채널 길이에 따라 핀의 높이와 핀의 너비에 대한 기준이 존재한다는 사실을 밝혀내어 핀을 형성하는 과정에서 일종의 가이드라인이 마련되었다. 비율은 다음과 같다.

$$(\text{핀의 너비}) \leq \frac{2}{3}(\text{채널 길이})$$

(핀의 높이) $\geq \frac{4}{3}$(채널 길이)

정리해 보면 핀의 높이는 적어도 핀 너비의 두 배 이상은 되야 함을 알 수 있다. 마찬가지로, Intel, IBM, TSMC 에서 발표한 바에 의하면 22nm 기술에서의 핀의 비율은 대부분 위와 같이 따랐음을 알 수 있다.

또한, 22nm 세대에서는 반도체 파운드리 업체마다 핀의 모양이 약간씩 다름을 확인 할 수 있다. 인텔은 테이퍼드 핀(Tapered fin) 모양이고, IBM과 TSMC는 직각 핀(Rectangular fin) 모양을 채택하였다. 이렇게 핀 모양이 다른 이유 중 하나는 코너 효과(Corner effect)를 개선하기 위함이다. 코너 효과란 gate가 채널을 감싸듯이 형성되어 있기 때문에 핀의 코너부분에서는 gate의 영향을 가장 크게 받는다고 볼 수 있다. 이로 인해서, gate 전압이 문턱전압에 미치지 않은 상태에서 코너에서만 미리 inversion layer가 생기는 현상이다. 즉, 미리 형성된 inversion layer로 인하여 예상치 못할 때에 소자가 켜지게 되어 소자의 OFF 상태에 대한 특성을 악화시킨다고 할 수 있다. 따라서, 이러한 문제를 해결하기 위해 Intel사는 테이퍼드 핀을 채택하였지만, 앞으로 다룰 14nm 세대에서는 다시 직각 핀으로 바꾸었다. 사족으로, 최종적으로 직각 핀이 사용되었다고 해서 22nm 세대에서 직각 핀을 채택한 나머지 두 업체의 기술력이 월등한 것은 아니다. 왜냐하면 22nm 양산을 처음으로 시작한 곳은 Intel사이고 이후 나머지 두 업체가 22nm 양산을 시작하였기 때문이다.

FinFET 또한 stress engineering이 적용되어 있다. Stress engineering의 최종 목표는 채널부의 carrier mobility를 증가시키는 데에 있다. 우선, hole의 mobility를 증가시키기 위해서는 source/drain 쪽에서 채널을 누르는 방향으로의 힘(compressive stress)이 가해져야 되고, electron의

mobility를 증가시키기 위해서는 이와 반대로 source/drain 쪽에서 채널을 잡아 당기는 방향으로의 힘(tensile stress)이 가해져야 한다. 이를 바탕으로, 채널에 stress engineering 가해주는 첫 번째 방법으로는 source/drain 각각에 실리콘과 다른 물질을 섞어 힘을 가해주는 방법인 Embedded Source and Drain이 있다. N-type FinFET의 경우 electron의 mobility를 증가시키기 위해 채널에 Tensile stress를 가해주어야 한다. 그러기 위해서, source/drain을 실리콘과 탄소를 결합한 탄화규소로 doping 시키면 된다. 탄소는 Si의 격자구조보다 작으므로 이는 실리콘 채널을 잡아 당기는 효과를 낸다. 따라서, 실리콘 채널에 tensile stress가 가해지고 electron의 mobility는 향상됨을 알 수 있다. 마찬가지로, P-type FinFET의 경우 hole의 mobility를 증가시키기 위해 채널에 Compressive stress를 가해주어야 한다. 이를 위해서는, source/drain을 실리콘과 게르마늄을 결합한 실리콘-게르마늄으로 doping 시키면 된다. 게르마늄은 Si의 격자구조 보다 크므로 이는 실리콘 채널을 미는 효과를 낸다. 따라서, 실리콘 채널에 compressive stress가 가해지고 hole의 mobility는 향상됨을 알 수 있다. 20nm 세대에서는 위와 같이 source/drain에 stress engineering을 통하여 N-type FinFET은 전류가 20% 향상 되었음 (기존 stress engineering이 적용되지 않았을 때에 비해)이 발표되었고, P-type FinFET은 전류가 25~40% 향상 되었음(기존 stress engineering이 적용되지 않았을 때에 비해)이 발표 되었다. 두 번째 방법으로는 gate 전극을 통한 stress engineering이 있다. 금속 gate를 열 처리를 통하여 gate를 팽창시키고 팽창된 gate는 채널부를 눌러 채널에 tensile stress를 가해주는 효과를 얻을 수 있다. 마치 치약 통을 손으로 꽉 누르면 치약이 나오는 것과 같은 이치다. 여기서 치약 통이 채널이고 손이 gate라고 생각하면 된다.

Punch through 현상은 채널이 짧아짐에 따라 source와 drain의 거리가 가까워짐에 따라, 이 source와 drain 및 바디 부분의 depletion층이 서로 만나게 되어 carrier들이 채널을 통하지 않고 이 연결된 depletion region을 통하여 drain 전압에 의해 누설 전류가 흐르게 되는 것이다. 역시나 마찬가지로, FinFET에서도 source와 drain이 매우 가깝기 때문에 Punch through 현상이 나타난다. 기존 SOI FinFET에서는 핀과 바디 사이의 절연체가 존재하여 이 절연체가 Punch through 현상을 막는다. 하지만, Bulk FinFET은 원활한 열전도를 위해 채널과 바디 사이가 그대로 연결되어 있어 Punch through 현상이 일어난다. 이를 해결하기 위해서 실리콘 핀 밑 부분(source/drain 아래 부분)을 진하게 doping 하여 source와 접촉해도 depletion layer가 넓게 펴지지 않도록 하여 depletion층이 서로 만나지 않도록 만들어 Punch through 현상을 억제할 수 있다[그림 3-33].

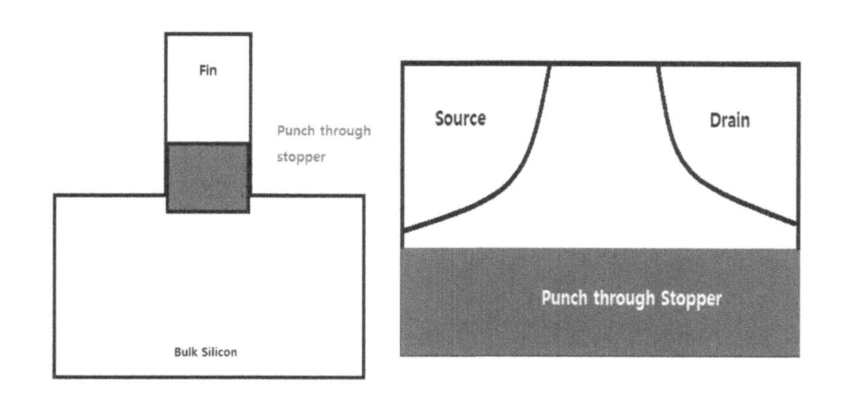

[그림 3-33] Punch throgh stopper, (a) FinFET의 정면도, (b) Fin의 측면도

2) Raised S/D (to reduce contact resistance)

앞서 말했듯이, 단채널 효과를 충분히 억제하기 위해서는 FinFET의 핀을 채널의 길이보다 훨씬 좁게 만들어야 한다. 이로 인해, source와 drain 또한 얇

게 되어 이 부분과 contact 부분이 접합한 면적이 매우 작게 되고 이 지점에서의 접촉 저항은 매우 높게 됨을 알 수 있다. 접촉 저항이 높으면 흐르는 전류를 막는 힘이 높다고 볼 수 있게 되고, 이는 소자의 성능하락을 의미한다. 따라서, 이와 같은 문제를 해결하기 위해 RSD(Raised source and drain)구조가 탄생하게 되었다. RSD 구조는 source와 drain이 기존 핀 영역에만 국한 된 것이 아니라, 이 source와 drain 부분만을 성장시켜 이 영역을 gate 전극과 같이 넓혀 (즉, 접촉 면적을 넓혀) 접촉 저항을 감소시키는 효과를 낸다. 이는 SEG(Selective Epitaxial Growth)를 통해 건식 식각으로 Fin spacer만을 제거한 뒤 source와 drain만을 성장시키는 것이다. 그 결과로, RSD 구조가 형성되어 source와 drain의 접촉저항을 효과적으로 감소시키지만 단점으로는 이 튀어나온 source와 drain 영역이 gate 전극과 마주보게 되어 의도치 않은 기생 커패시턴스가 추가적으로 나타나게 되어 동작 성능에 악영향을 미칠 수가 있다.

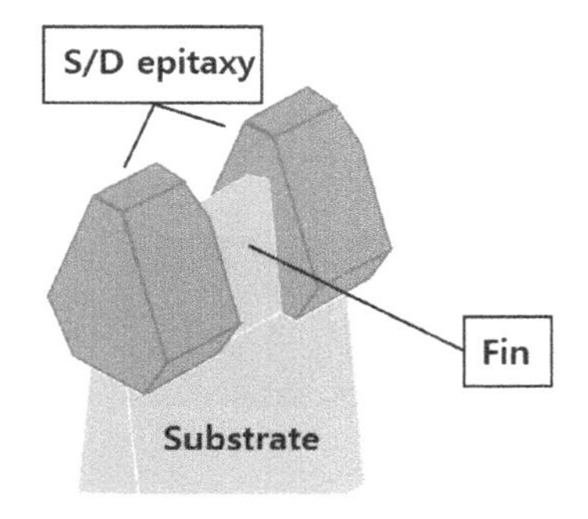

[그림 3-34] Raised source and drain 구조 모식도

FinFET 또한 HKMG 기술이 적용되었다. Gate-last 공정이 사용되었는데, 이는 간단히 말하자면, 일종의 dummy gate를 이용해 소자를 공정하여 열처리를 진행한 뒤에, dummy gate를 제거한 뒤에 다시 본래의 금속 gate를 쌓는 것을 말한다. 이로 인하여, 열처리 과정을 거치지 않은 금속 gate는 낮은 열 예산(Thermal budget)과 더 좋은 성능을 발휘하게 된다.

References

[1] D. Hisamoto, T. Kaga, Y. Kawamoto, E. Taked, "A fully depleted lean channel Transistor (DELTA)-a novel vertical ultra-thin SOI MOSFET," Technical Digest of IEDM. 1989, 833

[2] FinFETs and Other Multi-Gate Transistors, J.P. Colinge, X. Weize, Springer. 51

[3] Victor Moroz, "Managing FinFET design and variability analysis," EE Times-India, 2012

6 14nm 반도체 기술

6-1. 14nm 구현을 위한 이전의 문제점

앞서 말했듯이 핀의 높이가 높을수록, 너비가 좁을 수록, 소자의 구동 능력이 높아진다. 뿐만 아니라, 소자의 스케일링을 위해서는 단순히 소자만 작아지는 것만 필요한 것이 아니라, 소자와 소자 사이의 간격이라 볼 수 있는 피치(pitch)의 스케일링 또한 중요하다. 하지만, 이렇게 얇고 긴 핀을 빼곡하게 만든다는 것은 쉽지 않은 일이며 새로운 공정 방법 없이는 더 이상의 개선은 어렵다는 문제점이 있다.

6-2. 사용된 기술

인텔이 발표한 14nm 반도체 기술 자료에 의하면 22nm 기술에 비해 피치의 감소율이 더욱 증가 됨을 확인 할 수 있다. 여기에는 새로운 공정이 도입되었는데 바로 Spacer를 이용한 핀 형성 방법이다

최근, 앞서 언급했던 LER 현상을 해결하기 위한 방안으로 Spacer-defined fin formation 기술이 제안 되어 왔다. Sidewall Image Transfer (SIT) 혹은 Self-Aligned Double Patterning (SADP)라고도 불리는 이 기술은 우선 실리콘 기판 위에 더미(나중에 제거될 물질)를 쌓고 이를 기반으로 기존의 방법 그대로 패턴화 작업을 진행을 한다. 그 뒤에, 이 더미 옆 부분에 Spacer를 형성시킨다. 이때, Spacer를 형성 시킬 때에는 최대한 얇게 형성시키고 이온 식각공정을 진행하여 더미 양쪽 벽에 얇게 붙어 서있는 모양으로 만든다. 최종적으로 핀의 모형을 만들기 위해 식각공정을 진행하는데, 이때에는 얇은 Spacer가 마치 Hard mask의 역할을 하여 Spacer로 가려지지 않

은 부분(더미 포함)은 깎여 나가고, 반대로 Spacer로 가려진 부분은 식각이 되지 않아 그대로 얇은 핀을 형성하게 된다. 이 과정을 통하여 핀은 spacer를 얇게 도포 할 수 있으면, 얇게 도포 한 만큼 더욱 얇은 핀을 만들 수 있어 핀 피치도 줄여 성능과 집적도를 높일 수 있다. 또한, 앞서 언급했던 LER현상을 크게 줄일 수 있다[그림 3-35].

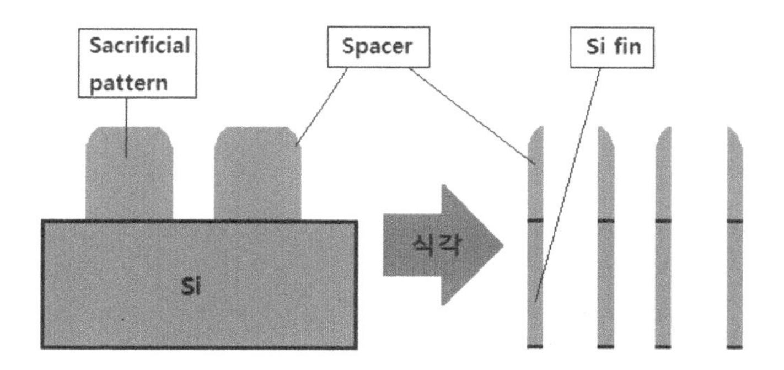

[그림 3-35] SADP 공정

References

[1] FinFETs and Other Multi-Gate Transistors, J.P. Colinge, X. Weize, Springer. 60

Low Power Semiconductor Devices 4

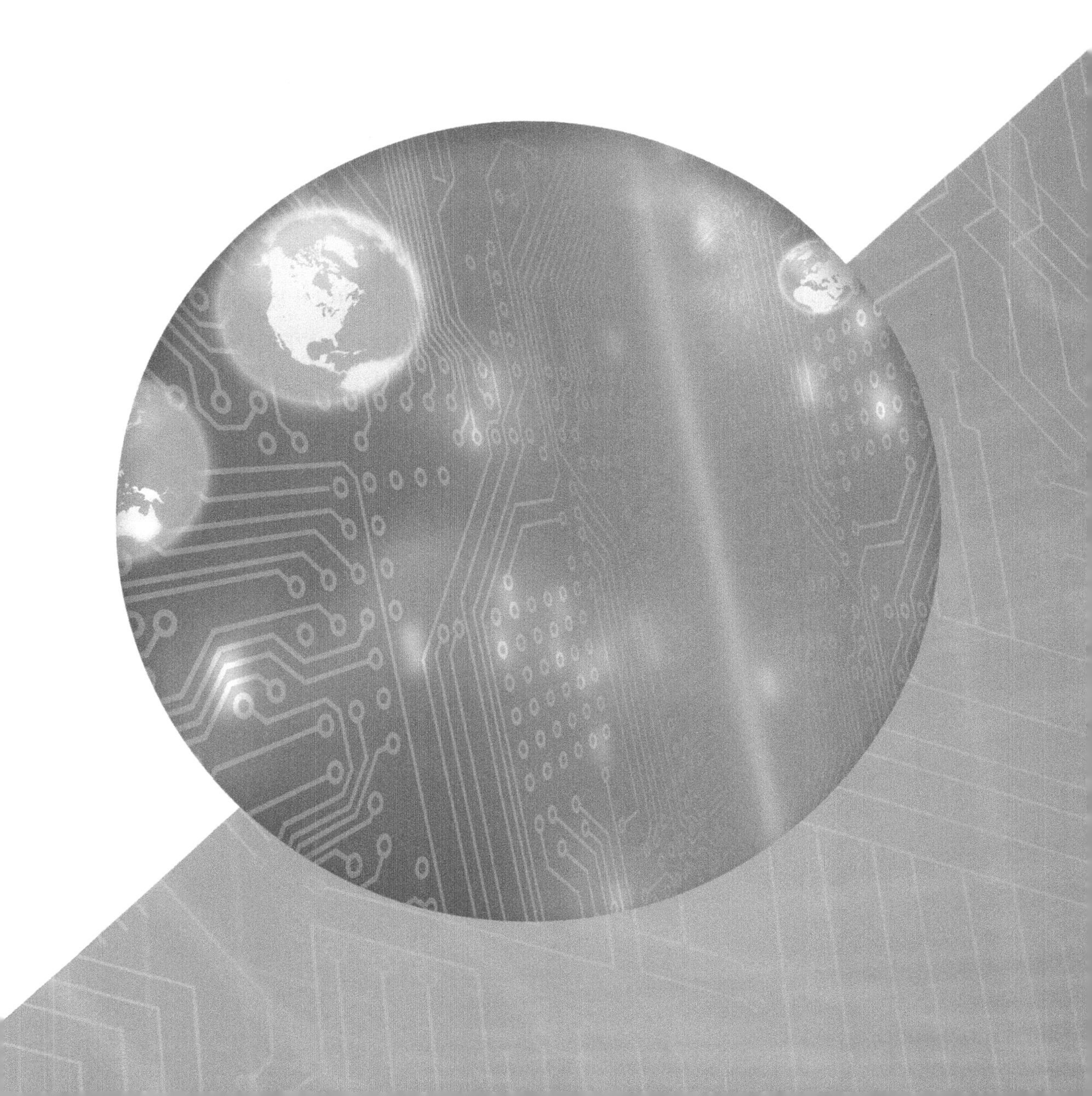

1 Power density 문제

Moore's law에 따라 수십 년 동안 단위 면적당 트랜지스터의 개수를 높이기 위하여 게이트의 물리적인 길이를 줄여감에 따라, 듀얼코어 급 마이크로프로세서 내부에는 단위 칩당 수십 억개 이상의 트랜지스터들로 구성되어지게 되었다. 그 결과, 칩 내부의 power density는 기하급수적으로 증가하여 핵원자로를 넘어 로켓의 노즐과 같은 정도의 power density가 되었다[그림 4-1]. 이는 sub-10nm technology node로 발전하는 데에 있어 큰 걸림돌이 되는 것 뿐만이 아니라, 현재 전 세계적으로 많은 데이터를 보관 및 처리하는 데에 있어서도 큰 장애물이 되고 있다. 더 나아가 Internet of Things (IoT) 시대를 맞이하여 wearable device의 측면에서 봤을 때, 가장 중요한 것은 wearable device는 인체와 접촉이 되는 것이기 때문에 낮은 power density를 갖는 저전력 반도체 소자의 개발이다. 따라서 이번 chapter에서는 앞으로 sub-10 nm technology node로 나아가는데 power density 문제를 야기하는 요소에 대해서 알아보고, 어떻게 이를 해결할 수 있는지, 마지막으로 power density 문제를 해결할 수 있는 저 전력 반도체소자에 대해서 소개하겠다.

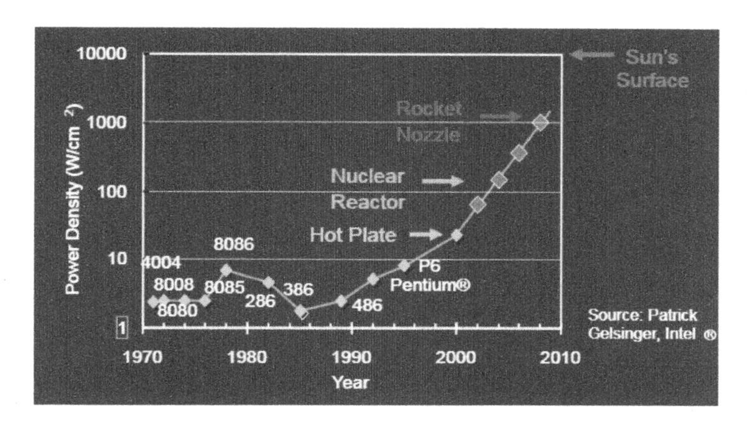

[그림 4-1] 연도에 따른 chip의 power density를 나타낸 그림

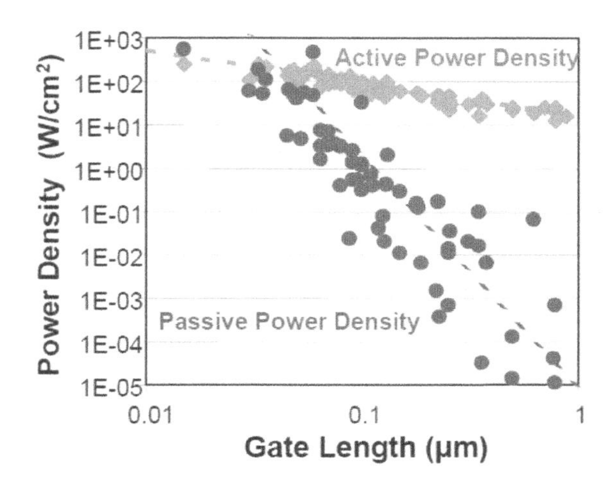

[그림 4-2] 채널 길이에 따른 power density를 나타낸 그림

Power density는 [그림 4-2]와 같이 동작할 때의 active power density와 동작하지 않을 때의 passive power density로 나눌 수 있다. 위 그림에서 나와있듯이, gate length가 줄어듦에 따라서 active 및 passive power density가 기하급수적으로 늘어나게 되었다. 추가로, 채널의 길이가 짧아지고 드레인 영역이 채널에 미치는 영향이 증가됨에 따라 게이트가 채널영역을 제어하는 능력이 약해졌기 때문에 게이트에서 가장 멀리 떨어진 채널의 일부 영역을 통하여 트랜지스터가 Off 상태임에도 불구하고 leakage current가 흐르게 되어 30-nm이하의 최신 반도체 소자에서는 동작하지 않는 동안 칩이 소모하는 전력량 (Passive power consumption)이, 동작하는 동안 소모하는 전력량 (Active power consumption)과 거의 비슷한 수준에 이르게 되었다[그림 4-2].

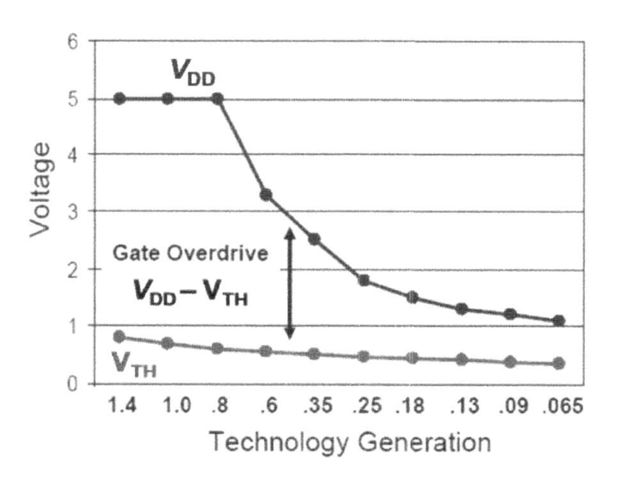

[그림 4-3] Power supply voltage (V_{DD}) and threshold voltage (V_{TH}) vs. Technology Generation

각각의 power density가 어떤 요소로 이루어 졌는지 안다면, 우리는 power density를 줄일 수 있을 것이다. 우선 active power density는 power supply voltage (V_{DD})의 제곱에 비례한다. 또한 passive power density는 V_{DD} 와 leakage current에 비례한다. 즉, V_{DD}를 줄인다면 power density를 효과적으로 줄일 수 있다. 따라서 [그림 4-3]을 보면 V_{DD}는 기술이 발전함에 따라서 계속 줄어온 것을 알 수 있다. 그에 발 맞추어 V_{TH}도 감소하였는데, 그 감소량은 V_{DD}에 비해 크지 않았다. V_{DD}는 많이 줄어들고 V_{TH}는 적게 줄어드는 결과로 overdrive voltage 역시 계속 줄어 들었다. 처음에는 overdrive voltage가 충분히 확보 되었지만, V_{DD}의 감소량을 V_{TH}가 따라가지 못하기 때문에 overdrive voltage 역시 한계에 도달했다. 250 nm technology node 부터는[그림 4-3] V_{DD}의 감소량이 확연히 줄었고, 기술이 더 발전할 수록 V_{DD}의 감소량과 V_{TH}의 감소량이 비슷해지는 상황에 놓여지게 되었다. 즉, 위에서 언급한 power density 문제를 해결하기 위해서는 V_{DD}를 줄이기 위해서 V_{TH}도 함께 줄여야 한다.

2 Boltzmann tyranny

Power density 문제를 해결하기 위해서는 V_{DD}를 줄이기 위해서 V_{TH}도 함께 줄여야 하지만, MOSFET의 특징 상 V_{TH}를 줄이는 데에는 큰 한계가 있다. 이번 part에서는 그 한계에 대해서 알아보고 어떻게 해결해야 하는지 알아보겠다.

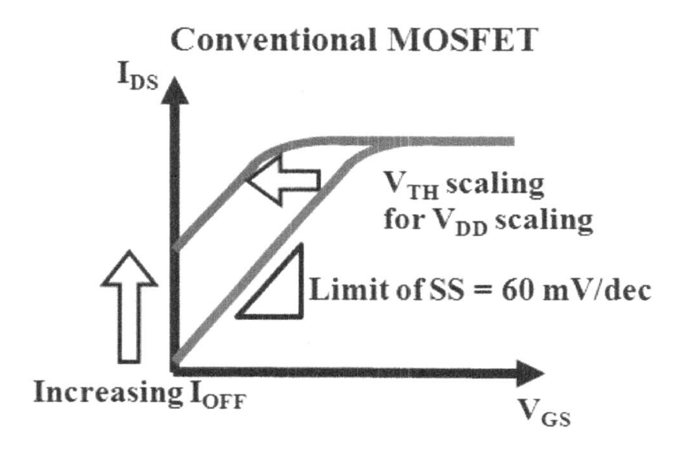

[그림 4-4] 일반적인 MOSFET의 전류-전압 특성 곡선

[그림 4-4]의 파란색곡선은 일반적인 MOSFET의 전류-전압 특성 곡선이다. On 상태에서의 current양과 overdrive 영역의 손해 없이 V_{DD} scaling을 위해 V_{TH}를 줄이면 위와 같이 off 상태에서의 current, I_{OFF} (leakage current)가 기하급수적으로 증가한다. I_{OFF}가 증가하게 되면 이 MOSFET은 소자로써 동작하기 어렵게 된다. 그렇다면 I_{OFF}가 증가하지 않으면서 V_{DD}와 V_{TH} scaling을 할 수 있는 방법은, 전류-전압 곡선의 기울기를 더 가파르게 하면 된다. 다시 말해서 subthreshold 영역의 slope이 더 가파르게 되면 된다는 것이다. 하지만 이 방법은 MOSFET 동작의 근본적인 한계로 인해 가능하지 못하다. 그 한계는 subthreshold slope을 60mV/decade 보다 작게

할 수 없는 MOSFET의 thermionic emission process가 가지고 있는 한계인데, 이를 Boltzmann tyranny라고 한다. 위에서 언급된 주요 용어(subthreshold slope과 thermionic emission process)에 대해서는 아래에 설명하겠다. 그런 다음 Boltzmann tyranny를 해결할 수 있는 방법에 대해서 알아보겠다.

2-1. Subthreshold slope (SS)

위에서 언급한 subthreshold slope (SS)에 대해서 말해보자. Subthreshold slope의 정의는 subthreshold 영역에서 MOSFET의 드레인 전류를 10배 올리는데 필요한 게이트 전압을 의미한다[그림 4-4]. 식으로는 다음과 같이 쓸 수 있다.

$$SS = \frac{\partial V_G}{\partial log_{10}(I_D)} = \left(\frac{\partial V_G}{\partial \varphi_S}\right) \times \left(\frac{\partial \varphi_S}{\partial log_{10}(I_D)}\right)$$

$$m = \frac{\partial V_G}{\partial \varphi_S} = 1 + \frac{C_{dep}}{C_{ox}}$$

$$n = \frac{\partial \varphi_S}{\partial log_{10}(I_D)} = \frac{kT}{q}\ln(10) = 0.060$$

각각의 기호는 [그림 4-5]를 참고하기 바란다. 위의 SS 식은 두 파트로 나눌 수 있는데 앞 부분은 m 으로 $1+C_{dep}/C_{OX}$라고 할 수 있다. 또한 뒷부분은 n으로 kT/q에 ln(10)을 곱한 값과 같다. 즉, 다시 써보면 다음과 같다.

$$SS = \frac{\partial V_G}{\partial log_{10}(I_D)} = \frac{kT}{q}\ln10\left(1 + \frac{C_{dep}}{C_{ox}}\right)$$

kT/q에 ln10을 곱한 값은 0.060이고, C_{dep}와 C_{OX}는 양의 값이기 때문에 SS는 60mV/decade보다 작아질 수 없다. Ideal 한 값이 60mV/decade라는 의미이다. 그 이유는 MOSFET의 thermionic emission process 때문이다.

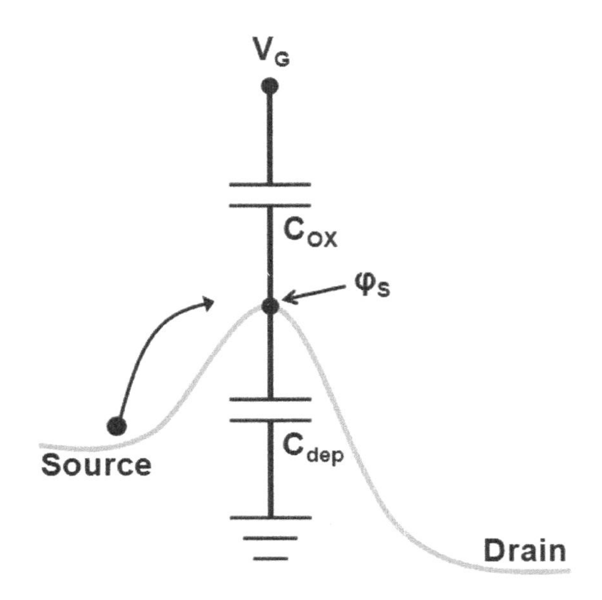

[그림 4-5] MOSFET의 potential profile

2-2. Thermionic emission

좀 더 자세히 알아보기 위해, MOSFET의 동작 원리를 energy band diagram과 함께 설명하겠다. MOSFET은 [그림 4-6]과 같이 동작한다. OFF 상태에서 gate에 전압을 인가해주면, channel 영역의 conduction band와 valence band가 내려가게 되고, 그 결과 ON 상태에서는 낮아진 energy barrier를 carrier (electron)가 넘어가게 된다. 이러한 process를 thermionic emission 이라고 한다.

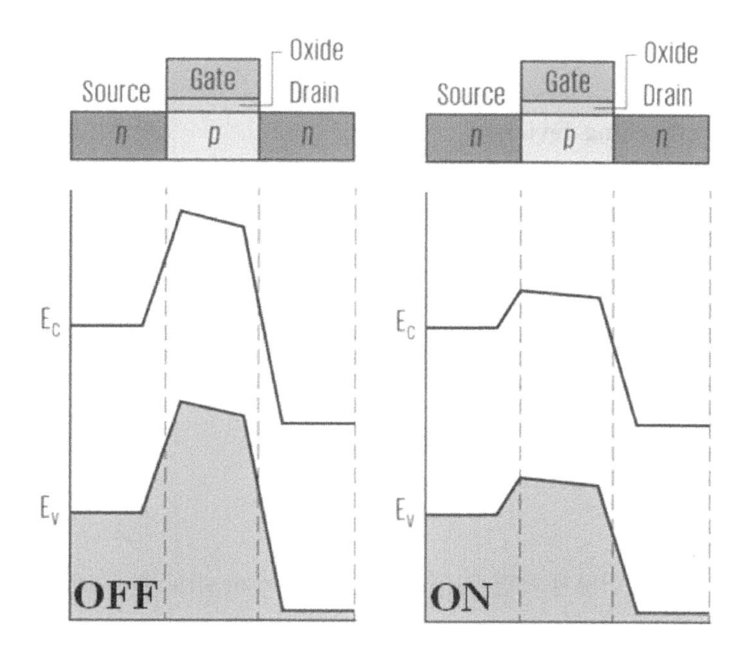

[그림 4-6] 일반적인 MOSFET의 OFF 상태와 ON 상태에서의 동작 방법

즉, MOSFET은 thermionic emission을 기반으로 동작한다. 이런 thermionic emission을 하는 MOSFET의 subthreshold slope은 위에서 언급한대로 아래와 같고,

$$SS = \frac{\partial V_G}{\partial log_{10}(I_D)} = \frac{kT}{q}\ln 10\left(1 + \frac{C_{dep}}{C_{ox}}\right)$$

이 식에서 SS를 60mV/decade보다 작게 할 수 없다.

2-3. 해결방안

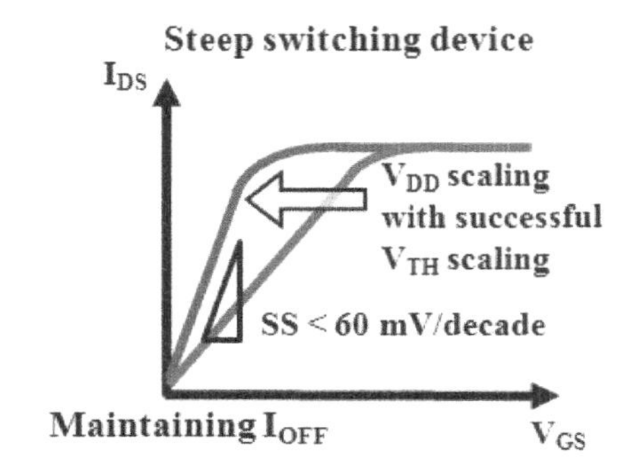

[그림 4-7] Steep switching device의 전류-전압 특성 곡선

다시 앞으로 돌아가서 어떻게 하면 V_{DD}와 V_{TH}를 동시에 scaling할 수 있을까? 그 해결방안은 단순하다. SS를 60mV/decade보다 작게 한다면, [그림 4-7]과 같이 overdrive voltage와 on current의 손해 없이 또한 off current의 증가 없이 scaling을 할 수 있다. 그렇다면 어떻게 SS를 60mV/decade 보다 작게 할 수 있을까? 그 해법은 SS의 식에 있다. SS 식을 다시 살펴보자.

$$SS = \frac{\partial V_G}{\partial log_{10}(I_D)} = \left(\frac{\partial V_G}{\partial \varphi_S}\right) \times \left(\frac{\partial \varphi_S}{\partial log_{10}(I_D)}\right)$$

$$m = \frac{\partial V_G}{\partial \varphi_S} = 1 + \frac{C_{dep}}{C_{ox}}$$

$$n = \frac{\partial \varphi_S}{\partial log_{10}(I_D)} = \frac{kT}{q}\ln(10) = 0.060$$

SS 식은 m과 n의 곱으로써 나타날 수 있는데, m의 경우 capacitance 값이 음수가 되면, n의 경우, thermionic emission process가 아닌 다른 process를 사용한다면, SS를 60mV/decade 보다 작게 할 수 있다.

3 Steep switching device: Negative capacitance Field-Effect Transistor (NCFET)

위에서 언급한 SS가 60mV/decade 보다 작은 반도체 소자를 steep switching device라고 한다. 이번 part에서는 steep switching device의 대표적인 두 가지 소자에 대해서 말해보겠다. 첫 번째는 m에서 보이는 C_{OX}의 값을 dynamic하게 음의 값으로 하여 SS를 60mV/decade로 하는 Negative Capacitance Field-Effect Transistor (NCFET)이다. 두 번째는 다른 process를 이용하여 n의 값을 변하게 하는 Tunnel Field-Effect Transistor 이다. 그 외에도, Impact Ionization process를 이용한 Impact Ionization Field-Effect Transistor, mechanical switch처럼 붙었을 때는 on-state, 떨어졌을 때는 off-state로 동작하게 하는 Nano-Electro-Mechanical Switch (NEMS) 등이 있다.

3-1. Steep switching device using negative capacitance

2008년 처음으로 negative capacitance라는 개념을 이용해서 subthreshold region의 slope을 60mV/decade 보다 작게 가져갈 수 있다는 것이 제안되었다. 그 내용은 gate oxide를 negative capacitance 특성을 가질 수 있는 ferroelectric 물질로 대체한다는 것이었다.

어떻게 negative capacitance가 SS를 줄여서 V_{DD} scaling을 가능하게 하는지 알아보자. [그림 4-5]에서 알 수 있듯이, MOSFET은 C_{OX}와 C_{dep}의 직렬연결로 이루어졌다고 볼 수 있다. 일반적으로 C_{OX}는 양의 값을 갖기 때문에, surface potential, φ_S는 V_G보다 클 수 없다. Surface potential은

gate oxide 넘어서 channel을 control하는 실질적인 potential이다. 하지만 C_{OX}가 음의 값을 갖는다면,

$$V_G - QC_{OX} = \varphi_S$$

에 의해서, φ_S는 V_G보다 커진다(Q는 capacitor 양단의 charge를 의미함). 즉, 걸어준 channel 영역의 surface potential이 boost up 되어 기존보다 작은 gate voltage로도 channel 영역을 inversion 시킬 수 있다는 것을 의미한다. 다시 말해서 NCFET에 MOSFET과 같은 1V의 gate voltage를 걸어줬어도, NCFET이 느끼기에는 1V보다 더 큰 voltage를 걸어 준 것처럼 느끼게 된다.

이를 수학적으로 알아보겠다.

$$SS = \frac{\partial V_G}{\partial log_{10}(I_D)} = \frac{kT}{q} \ln 10 \left(1 + \frac{C_{dep}}{C_{ox}}\right)$$

위 식에서 만약 C_{OX}값이 음의 값을 갖는다고 하면,

$$m = \frac{\partial V_G}{\partial \varphi_S} = 1 + \frac{C_{dep}}{C_{ox}} < 1$$

이 될 수 있다. 즉, SS 값은 60mV/decade보다 작아질 수 있다.

3-2. Capacitance

Capacitance가 음수라는 것이 생소할 수 있기 때문에 이를 좀 더 자세히 설명해보겠다. Capacitance는 voltage가 변함에 따라 charge가 어떻게 변화하는지를 나타내는 지표이다. 따라서,

$$Capacitance, C = \frac{dQ}{dV}$$

이고, 이를 energy와 charge의 관계로 나타내면 다음과 같다.

$$C = \frac{dQ}{dV} = \left(\frac{d^2U}{dQ^2}\right)^{-1}, U = \frac{Q^2}{2C}$$

U는 energy를 나타낸다.

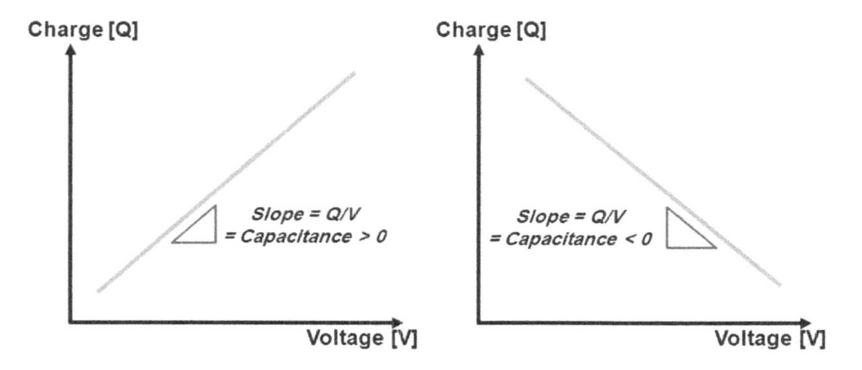

[그림 4-8] Charge와 voltage의 관계를 통해 알아보는 양의 capacitor (왼쪽)와 음의 capacitor (오른쪽)

[그림 4-8]은 양의 capacitance와 음의 capacitance의 charge와 voltage 관계를 나타낸 그래프이다. 기울기는 capacitance를 의미하고 왼쪽의 그래프는 기울기가 양수이기 때문에 capacitance는 양수이고, 오른쪽 그래프는 기울기가 음수이기 때문에 capacitance가 음수이다. 이를 energy landscape로 나타내면 다음과 같다.

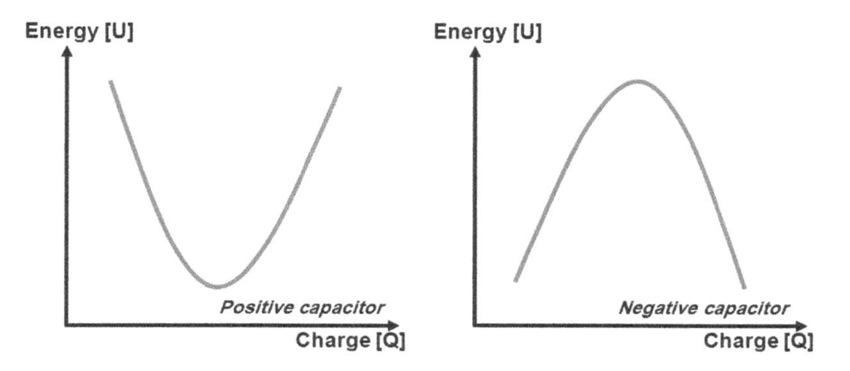

[그림 4-9] Energy와 charge의 관계를 통해 알아보는 양의 capacitor (왼쪽)와 음의 capacitor (오른쪽)

[그림 4-9]는 양의 capacitor (왼쪽) 와 음의 capacitor (오른쪽)의 energy landscape를 나타낸 그래프이다. 즉, 어떤 물질이 위와 같은 energy landscape를 갖는다면 그 물질은 음의 capacitance를 가질 수 있다는 것을 의미한다. 그렇다면 위와 같이 negative capacitance의 특징을 갖는 물질에는 어떤 것이 있을까? 바로 ferroelectric 물질이다.

3-3. Ferroelectric materials

Ferroelectric 물질의 가장 큰 특징은 물질 내부에 spontaneous polarization을 가지고 있기 때문에 외부의 electric field가 없어도

polarization을 갖는다. 외부의 electric field가 주어질 때에는 polarization의 방향이 바뀔 수 있다. Ferroelectric 물질의 구조를 알아보자.

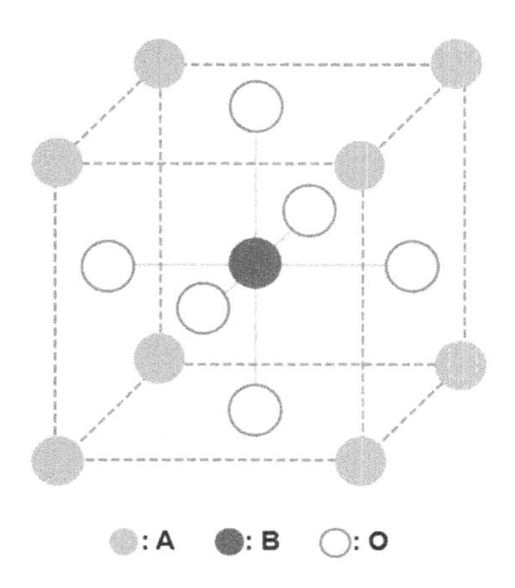

[그림 4-10] Ferroelectric material의 Perovskite 구조

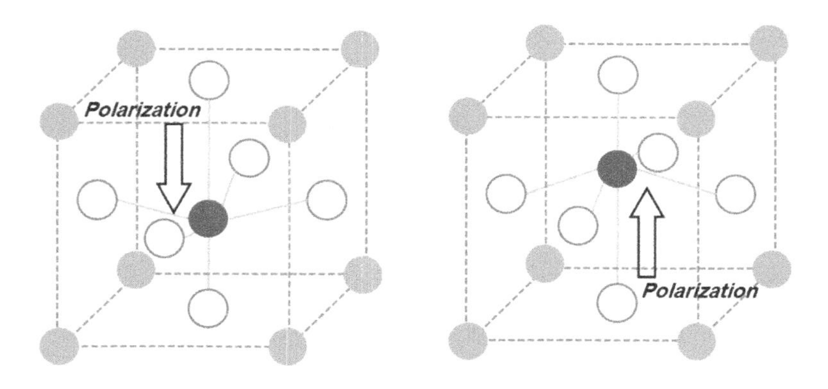

[그림 4-11] Perovskite 구조의 두 가지 polarization state

[그림 4-10]은 일반적인 ferroelectric 물질의 구조이다. 이 구조의 이름은 Perovskite 구조이고 ABO_3의 형태를 가지고 있다. Ferroelectric 물질은 특이한 성질을 가지고 있다. 예를 들어 외부의 electric field를 위쪽으로 가해주었다고 가정해보자[그림 4-11]. 그렇다면 가운데에 있는 B (transition metal element) 이온이 위쪽으로의 electric field에 의해 위로 움직인다. 이때 electric field를 내려주면, ferroelectric 물질은 이 B 이온이 제자리로 돌아오지 않고 계속 polarization을 유지한다. 이를 spontaneous polarization이라고 한다. 만약에 반대 방향으로 electric field를 계속 준다면 B 이온은 어느 정도의 electric field까지는 가만히 있다가 그 이상의 electric field를 가해주면 B 이온의 방향이 바뀐다. 즉, 외부 electric field가 없더라도 일정한 polarization 값을 갖게 되는데 이를 Remnant polarization이라고 한다. 또한 이 polarization을 0으로 만들려면 반대 방향으로 electric field를 더 가해주어야 하는데 이 때의 electric field의 크기를 coercive field라고 한다. 이 coercive field를 넘어서 일정한 electric field 이상이 되면 polarization 값이 linear하게 증가하는데, 이 때의 polarization 값을 saturation polarization이라고 한다.

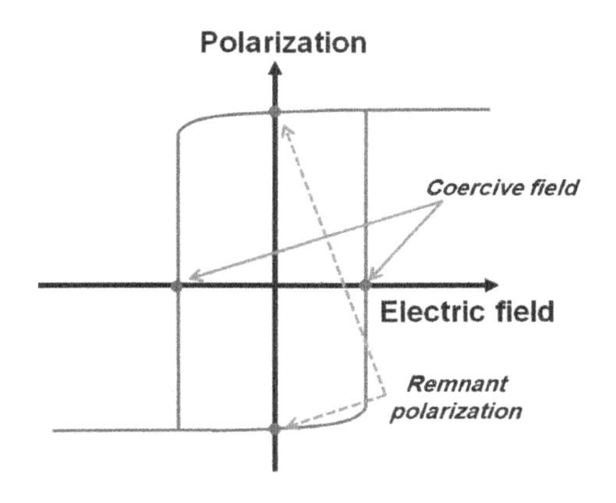

[그림 4-12] Ferroelectric material의 polarization과 electric field의 관계를 나타낸 그래프

[그림 4-12]는 ferroelectric 물질의 polarization과 electric field의 관계를 나타낸 그래프이다. 위 그래프를 통해서 remnant polarization과 coercive field의 위치를 알 수 있다. 또한 hysteresis loop 특성을 보여준다. 다시 돌아가서 negative capacitor가 갖는 energy landscape를 ferroelectric 물질이 갖는지 알아보자. Ferroelectric 물질의 energy landscape는 [그림 4-13]과 같다. [그림 4-13]에서 알 수 있듯이, ferroelectric 물질은 두 개의 energy minima가 존재한다. 그 의미는 electric field가 없어도 polarization이 존재한다는 것을 의미한다.

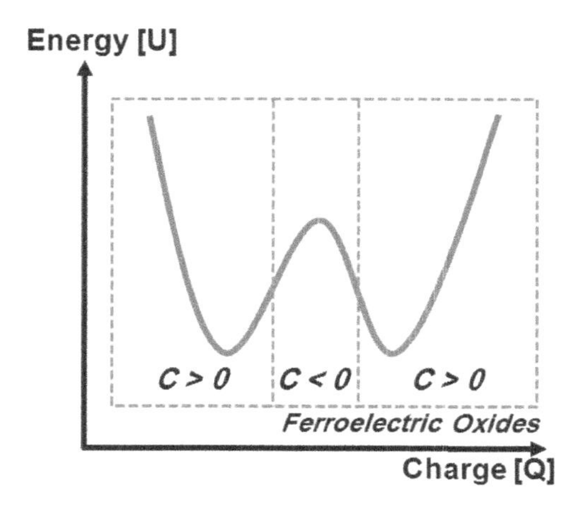

[그림 4-13] Ferroelectric material의 energy와 charge의 관계를 나타낸 그래프

[그림 4-13]을 보면, capacitance가 음수일 때의 energy와 charge plot과 비슷한 모양이 가운데에 있음을 알수 있다. 즉, ferroelectric 물질을 이용하면 특정한 상황에서 음의 capacitance를 얻을 수 있다는 것을 의미한다. 쉬운 이해를 위해 외부 field의 변화에 따른 energy landscape의 변화를 알아보자.

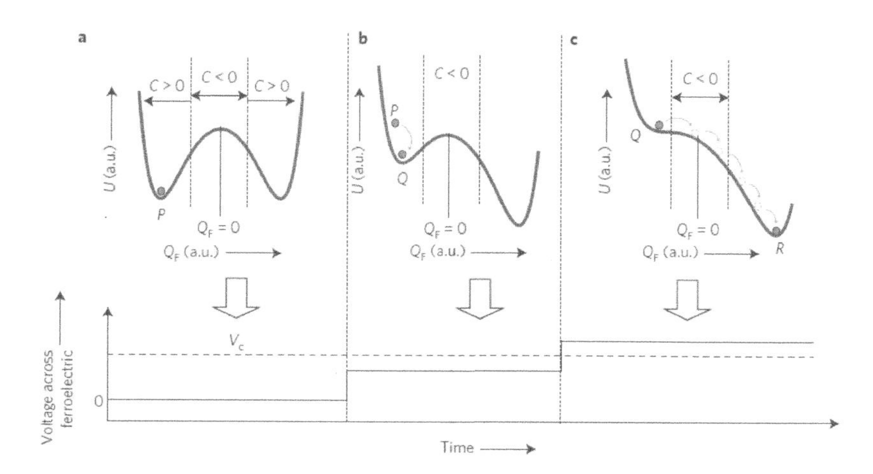

[그림 4-14] Charge에 따른 energy landscape의 변화

[그림 4-14]는 ferroelectric 물질에 voltage를 가해줬을 때 energy landscape가 어떻게 변하는지를 나타내는 그래프이다. 처음에 voltage를 가해주지 않았을 때는 위의 [그림 4-14]의 a 상태([그림 4-13]과 같음)가 된다. 시간에 따라 voltage를 증가하면 negative capacitance 부분의 barrier가 낮아지지만 polarization이 다른 minimum point로 넘어갈 수 있는 정도는 아니다([그림 4-14의 b] 참고). Coercive voltage (or field)를 넘게 되면 negative capacitance 부분의 barrier가 polarization이 이동할 수 있을 만큼 낮아지게 되고 energy minimum point가 바뀌게 되어 polarization이 이동한다. 그 이동하는 동안 negative capacitance 상태를 구현할 수 있다. 위의 mechanism의 좀 더 자세한 설명을 위해 polarization vs. electric field의 그래프와 함께 설명하겠다.

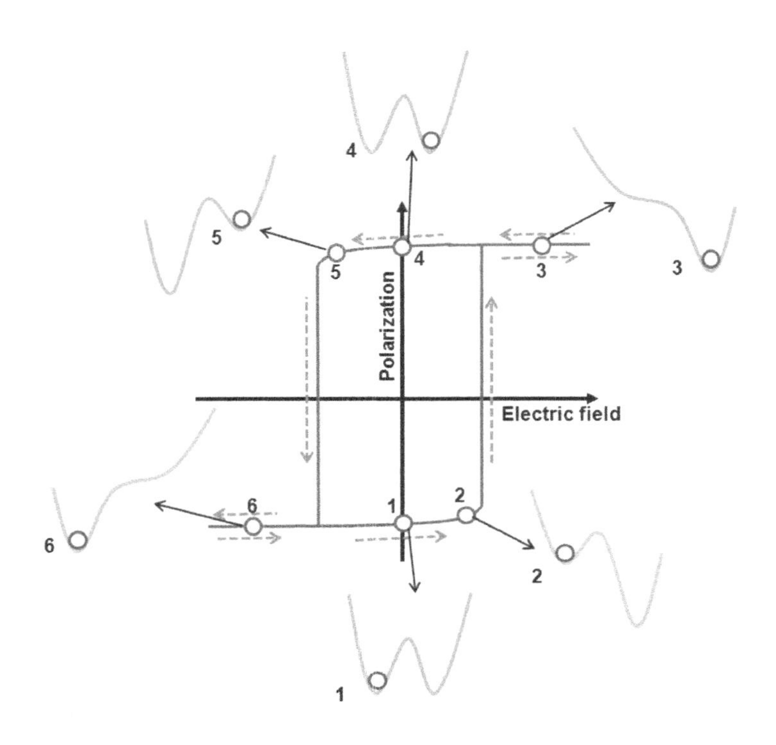

[그림 4-15] 외부 electric field의 변화에 따른 energy vs. charge plot의 변화

[그림 4-15]는 electric field에 따라 energy landscape을 나타내는 그래프이다. ferroelectric 물질은 두 개의 energy minima가 존재하고 이는 각각 remnant polarization을 의미한다. [그림 4-15]의 1번 상태에서 electric field를 가하면 negative capacitance state의 에너지 barrier가 낮아지며 2번 상태가 된다. 그 상태에서 coercive field 이상으로 electric field를 가해주면 barrier가 없어지고 3번의 energy 상태가 되며 polarization이 다른 energy minimum으로 이동하게 된다. 여기서 negative capacitance state는 불안정하기 때문에 polarization이 머무르지 않고 더 낮은 energy 상태로 이동하게 된다. 이 상태에서 반대방향의 electric field를 가하면 negative capacitance state의 energy barrier가 높아지게 되고 4번의 상태가 된다. Electric field가 없어져도 polarization은 존재한다. 계속 electric field를 가해도 energy barrier 때문에 polarization의 방향은 바뀌지 않는다. 하지만 coercive field 이상으로 가해주면 energy barrier가 낮아지고, 6번 상태가 된다. 이 cycle이 계속 반복된다.

Ferroelectric 물질의 free energy, U(P)를 polarization, P의 식으로 표현하면 다음과 같다.

$$U(P) = \alpha P^2 + \beta P^4 + \gamma P^6 - EP$$

E는 가해준 electric field로 V/d이다. V는 ferroelectric 물질에 가해준 전압을 의미하며, d는 ferroelectric 물질의 두께이다. α , β , γ 는 anisotropy 한 constant이다. β , γ 는 온도에 independent하고, γ 는 양수, β 는 양수 또는 음수가 모두 될 수 있다(first order phase transition 혹은 second order phase transition에 따라 달라짐). α 는 다음과 같이 나타낸다.

$$\alpha = \alpha_0(T - T_C)$$

T_C는 Curie temperature를 나타낸다. α_0는 양수이고 온도에 independent하다. 만약에 온도가 Curie temperature 보다 작으면, α 는 음수가 된다. Curie temperature에 대해서는 다음 part에서 자세히 알아보겠다.

3-4. Curie temperature

Ferroelectric 물질은 온도에 매우 민감하다는 특징을 가지고 있다. 이 물질은 특정한 온도를 갖고 있는데 이를 Curie temperature라고 한다. 즉, ferroelectric 특성이 Curie temperature 보다 작을 때는 나타나지만, Curie temperature를 넘어서면 phase transition이 일어나서 ferroelectric 특성을 잃고, paraelectric 특성을 갖게 된다. 따라서 negative capacitance 특성을 얻기 위해서는 온도를 잘 control하는 게 중요하다. 다음 그림은 온도에 따른 ferroelectric 물질의 특성을 나타낸 그래프이다.

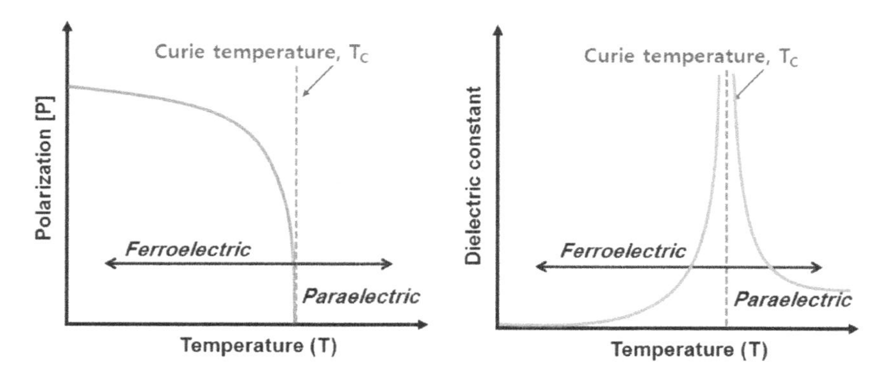

[그림 4-16] 온도에 따른 polarization과 dielectric constant

[그림 4-16]은 온도에 따른 polarization과 dielectric constant를 나타낸 그림이다. Curie temperature를 전후로 ferroelectric 특성과 paraelectric 특성으로 나뉘어 진다. 다시 말해서, Curie temperature 전후로 energy landscape 역시 달라진다.

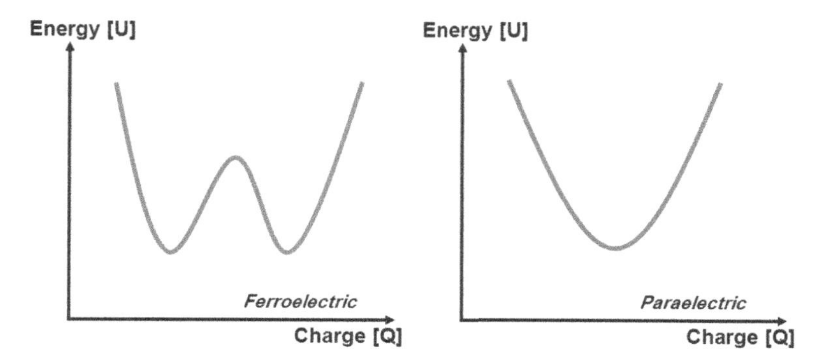

[그림 4-17] Ferroelectric과 paraelectric의 energy landscape

[그림 4-17]은 Curie temperature 전후로의 달라진 energy landscape 이다. 위 그림에서도 알 수 있듯이, Curie temperature 보다 온도가 올라가면, ferroelectric 특징을 잃는다.

3-5. Negative state in polarization vs. electric field plot

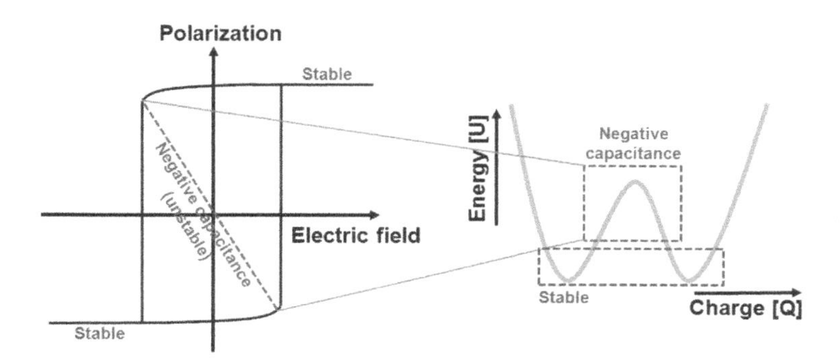

[그림 4-18] Ferroelectric과 paraelectric의 energy landscape

Ferroelectric이라는 물질에 대한 연구는 1930년대부터 시작되었다. 하지만 요즘에 들어서야 negative capacitance를 가질 수 있는 물질이 ferroelectric 물질이라는 것을 발견한 걸까? 그 이유는 바로 [그림 4-18]에 있다. Ferroelectric이 negative capacitance를 가질 때는 불안정한 상태이다. [그림 4-18]의 오른쪽 그림을 보면, negative capacitance의 상태에 들어서면 낮은 에너지를 가지려고 하고 결국 stable한 상태에 있으려고 한다. 즉, minima로 polarization이 이동하려 한다. 즉, 자연의 법칙에 따라서 물질은 stable한 상태를 유지하려고 하고, 일반적인 장비를 통해서는 negative capacitance를 direct하게 측정할 수 없기에 오랫동안 연구가 되어왔음에도 불구하고, 요즘에서야 negative capacitance라는 것을 발견할 수 있었다.

3-6. Stabilization of negative capacitance in ferroelectric capacitor

Ferroelectric 물질에서의 negative capacitance는 unstable state에서 발생한다. 즉, dynamic하게만 발생하게 되어 negative capacitance를 반도체 소자에 이용하기 어려워진다. 따라서 차세대 반도체 소자에 이용하기 위해, stable한 상태에서 negative capacitance를 구현할 수 있어야 한다. 이번 part 에서는 negative capacitance를 stable 한 state에서 생길 수 있게 하는 방법에 대해서 알아보자.

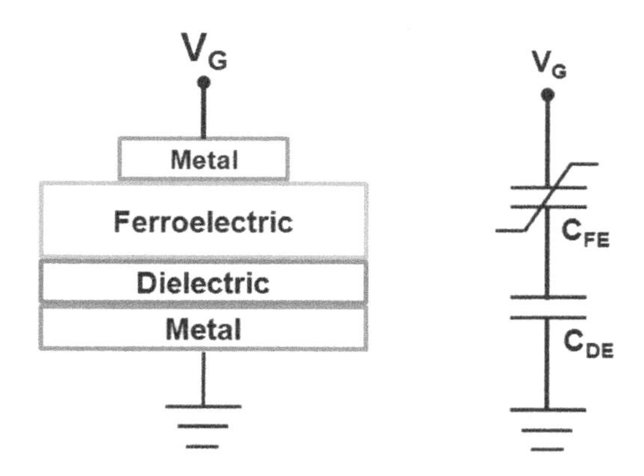

[그림 4-19] Stable한 negative capacitance를 얻기 위한 구조

[그림 4-19]와 같이 negative capacitor와 positive capacitor (일반적인 dielectric 물질사용)을 직렬로 연결한다면, stable하게 negative capacitance를 구현 할 수 있다. 그 원리에 대해서 알아보자. 우선 두 capacitor에 걸리는 charge는 같다. Ferroelectric 물질 (FE)과 dielectric 물질 (DE)을 직렬로 연결하게 되면 total energy는 다음과 같다.

$$U_{FE+DE}(Q) = U_{FE}(Q) + U_{DE}(Q)$$

Total energy는 각각의 energy의 합이고, 두 물질을 합치면 total energy가 어떻게 변하는지 다음 그림을 통해 알아보자.

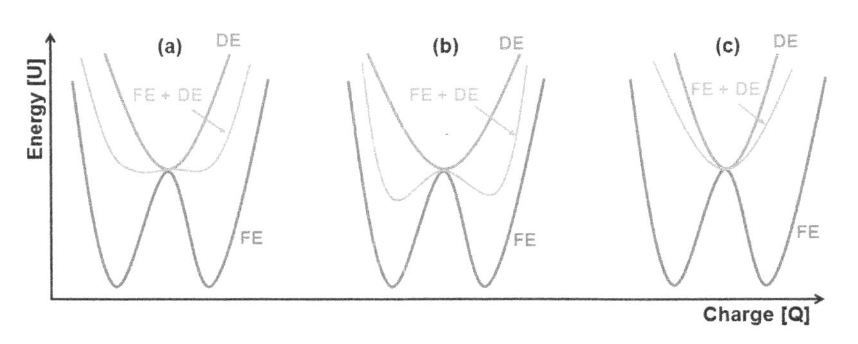

[그림 4-20] Ferroelectric 물질과 dielectric 물질을 stack 시켰을 때의 energy 변화

[그림 4-20]은 FE 물질과 DE 물질을 stack 시켰을 때의 energy 변화를 나타낸 그래프이다. (a) 부터 (c)까지는 DE의 capacitance 값을 변화시켜서 FE와 stack 시켰다. 우선 (a)의 energy landscape를 보면, DE와 FE의 에너지가 합쳐져서 unstable한 구간은 없어졌다. 그리고 energy와 capacitance와의 관계에 따라, $C = (d^2U/dQ^2)^{-1}$ 이므로 DE 보다 FE+DE 일 때의 capacitance가 커졌다. 보통 두 capacitor를 직렬로 연결하면 전체 capacitor의 값은 작은 값을 갖는 capacitor보다 작아지는데, FE의 capacitance의 값이 negative이니 FE와 DE를 직렬로 연결하면 전체 capacitor의 값은 커지게 된다. 따라서 FE+DE는 stable하게 negative capacitance를 이용할 수 있다. 이제 반도체 소자에 FE+DE를 적용시켜 보면, 같은 전압을 걸어주었을 때, 더 큰 capacitance로 인해 전류를 더 많이 흐르게 할 수 있다. 하지만 [그림 4-20]의 (b)의 경우, DE의 capacitance 값을 (a)에 비해 작은 값으로 사용해서 FE와 stack 시켰는데, 그 결과, DE의 에너지가 작기 때문에, FE의 negative energy 구간을 상쇄시키지 못하여 FE+DE의 energy landscape에 unstable한 구간이 생기게 되었다. [그림 4-20]의 (c)의 경우를 보자. DE의 capacitance가 매우 커지는 경우, 전체의 capacitor는 stable해지지만, DE의 capacitance값이 dominant하게 되어 FE+DE의 capacitance 값은 DE와 가까워지게 된다. 즉, FE+DE가

DE와 비슷해진다. 결과적으로, stable한 상태로 negative capacitance를 잘 이용하기 위해서는 DE와 FE의 capacitance matching이 무엇보다도 중요하다. 하지만 실제 반도체 소자에서는 oxide의 두께를 바꾸면서 DE의 capacitance를 바꾸기에는 performance적인 측면의 변화가 심해지기 때문에, FE의 energy landscape를 바꿔서 capacitance matching을 하는 게 용이하다. 아래의 식을 보자.

$$U(P) = \alpha_0(T - T_C)P^2 + \beta P^4 + \gamma P^6 - EP$$

온도를 바꿈으로써 전체적인 energy plot의 모양도 바뀌게 되고, capacitance가 바뀌어 matching을 할 수 있게 된다. 자세한 FE의 capacitance 범위는 다음 part에서 설명하겠다.

3-7. Ferroelectric과 dielectric의 capacitance matching

Stable한 상태에서 negative capacitance를 구현하기 위해서 FE와 DE의 capacitance matching이 중요하다. FE와 DE를 직렬로 연결하였을 때, 전체 capacitance 값은 다음과 같다.

$${C_{FE+DE}}^{-1} = {C_{FE}}^{-1} + {C_{DE}}^{-1}$$

만약에 C_{FE}가 양수이면, C_{FE+DE}의 값은 작은 capacitor의 capacitance 값보다 작아질 것이다. 하지만 C_{FE}가 음수이고 $|C_{FE}| > C_{DE}$이면, C_{FE+DE}의 값은 증폭이 될 것이다. 만약 C_{FE}가 음수이고 $|C_{FE}| < C_{DE}$이면, C_{FE+DE}의 값이 양수가 아니고 음수가 되기 때문에 결국 unstable 상태가 된다. 따라서 위의 $C_{FE} < 0$ 과 $|C_{FE}| > C_{DE}$인 조건을 지켜주었을 때 stable한 negative capacitance 값을 구할 수 있게 된다.

그렇다면 ferroelectric 물질을 MOSFET의 gate stack에 적용해 사용하면 어떻게 될까? [그림 4-21]을 보자. MOS구조 사이에 ferroelectric 물질을 삽입하였다. 오른쪽은 capacitance circuit diagram을 나타낸 그림이다. 다음과 같은 상황에서 stable하게 negative capacitance를 이용할 수 있는 범위는 위에서 언급한 것과 같다. 우선, C_{FE}가 음수여야 하고, $|C_{FE}| > C_{DE}$이였던 것처럼, $|C_{FE}| > C_{MOS}$여야 한다.

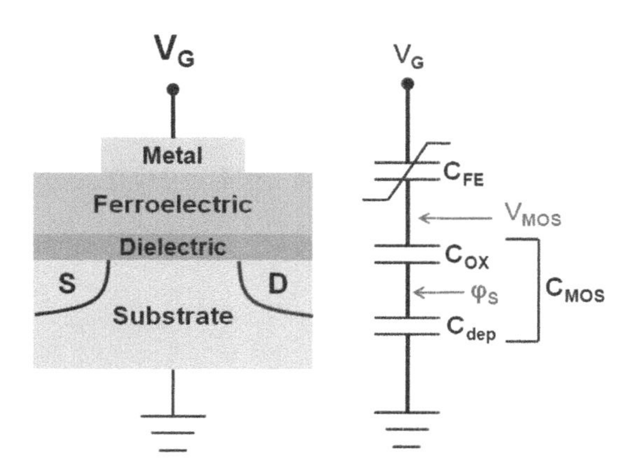

[그림 4-21] MOSFET에 ferroelectric 물질을 삽입했을 때의 구조(왼쪽)와 capacitance circuit diagram(오른쪽)

우리의 원래 목적은 ferroelectric layer를 통해서 stable한 negative capacitance 상태를 통해 SS를 60mV/decade이하로 만드는 것이었기 때문에, SS를 60mV/decade로 만들 수 있는 capacitance 범위를 알아보자. 앞에서도 언급한 SS의 식에 C_{OX}를 C_{OX}과 C_{FE}의 직렬연결로써 표현하면 다음과 같다.

$$SS = \frac{\partial V_G}{\partial log_{10}(I_D)} = \frac{kT}{q}\ln 10\left(1 + \frac{C_{dep}}{\left(C_{ox}{}^{-1} + C_{FE}{}^{-1}\right)^{-1}}\right)$$

$$= 60mV/decade \times \left(1 + \frac{C_{dep}}{C_{ox}} - \frac{C_{dep}}{|C_{FE}|}\right)$$

여기서, C_{dep}/C_{OX} - $C_{dep}/|C_{FE}|$ 가 0과 −1 사이에 있어야 SS가 60mV/decade보다 작아지기 때문에,

$$-1 < \frac{C_{dep}}{C_{ox}} - \frac{C_{dep}}{|C_{FE}|} < 0$$

가 되어야 한다. 또한 기본적으로 C_{FE}는 음수여야 하고, 위의 식을 풀면 다음과 같다.

$$\frac{C_{dep}}{C_{ox}} - \frac{C_{dep}}{|C_{FE}|} < 0$$

일 때, 계산해서 정리하면

$$|C_{FE}| < C_{OX}$$

가 되고,

$$\frac{C_{dep}}{C_{ox}} - \frac{C_{dep}}{|C_{FE}|} > -1$$

일 때, 계산해서 정리하면

$$|C_{FE}| > C_{MOS}$$

가 된다. 따라서, ferroelectric capacitance를 이용하여 SS를 60mV/

decade 보다 작게 만들기 위해서는,

$$C_{MOS} < |C_{FE}| < C_{OX}, C_{FE} < 0$$

가 되면 된다.

3-8. Negative capacitance field-effect transistors (NCFETs)

앞에서도 언급했듯이, NCFET은 UC Berkeley의 S. Salahuddin 교수에 의해서 처음으로 제안되었다[그림 4-22].

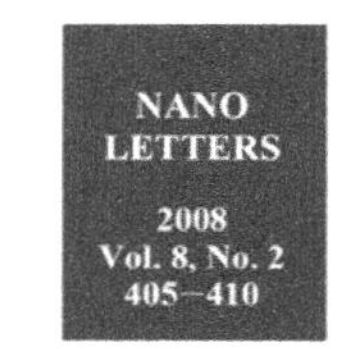

NANO
LETTERS
2008
Vol. 8, No. 2
405–410

Use of Negative Capacitance to Provide Voltage Amplification for Low Power Nanoscale Devices

Sayeef Salahuddin* and Supriyo Datta†

School of Electrical and Computer Engineering and NSF Center for Computational Nanotechnology (NCN), Purdue University, West Lafayette, Indiana 47907

Received July 24, 2007; Revised Manuscript Received October 3, 2007

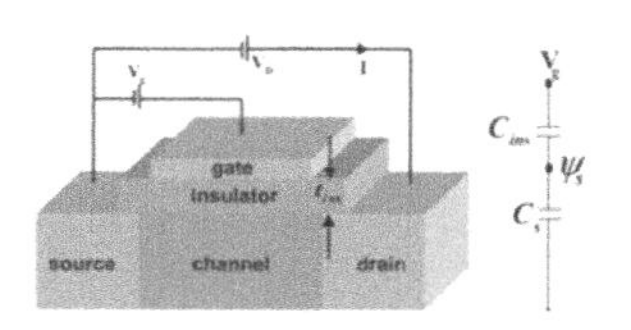

[그림 4-22] NCFET이 처음 소개된 논문

그 뒤, 이를 바탕으로 다양한 연구가 진행되었다. 2008년 S. Salahuddin 교수가 NCFET의 concept을 발표한 뒤, 2008년부터 2010년까지 스위스의 로잔공과대학교에서 SS 〈 60mV/decade인 NCFET에 대한 실험적 연구가 주도적으로 이루어 졌다. 그 이후, 2013년 Intel에서 heterostructure (AlInN/AlN/GaN)를 이용한 NCFET을 발표하였으며, SS~40 mV/dec

정도를 얻었다. 그 이후, UC Berkeley의 S. Salahuddin 교수 그룹에서 negative capacitance를 direct로 구할 수 있는 방법에 대해서 연구하였다. 2015년 서울시립대학교 신창환 교수 그룹에서 negative capacitance를 이용해 매우 낮은 SS를 갖는 MOSFET 기반 steep switching 소자를 구현하였다. 2015년 말에는 HfZrO를 기반으로 하는 NC-FinFET이 발표되었다. 이는 기존 CMOS와의 compatibility를 높일 것으로 기대된다. [그림 4-23]에 잘 나와있다.

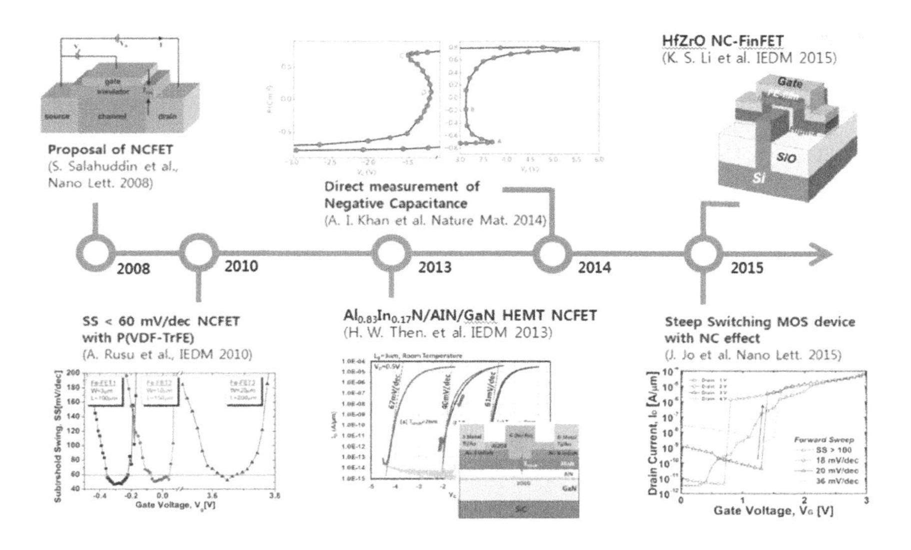

[그림 4-23] NCFET의 연구 역사

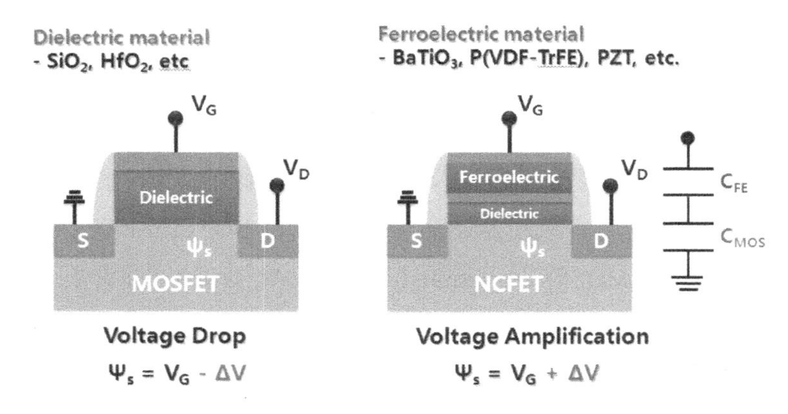

[그림 4-24] MOSFET과 NCFET의 mechanism 비교

[그림 4-24]는 MOSFET과 NCFET의 mechanism을 비교한 그림이다. 우선 일반적인 MOSFET은 metal에 gate voltage를 인가하면 실제 channel이 느끼는 surface potential인 φ_S는 ΔV만큼 voltage drop이 일어나서, V_G보다 작아지게 된다. 하지만, NCFET은 negative capacitance를 이용하였기 때문에, 내부 positive feedback에 의해서 φ_S이 V_G보다 ΔV만큼 증가된다[그림 4-25]. 따라서 실제 channel이 느끼는 potential은 V_G보다 더 큰 potential을 느끼게 되고, 더 빠르게 켜질 수 있게 된다.

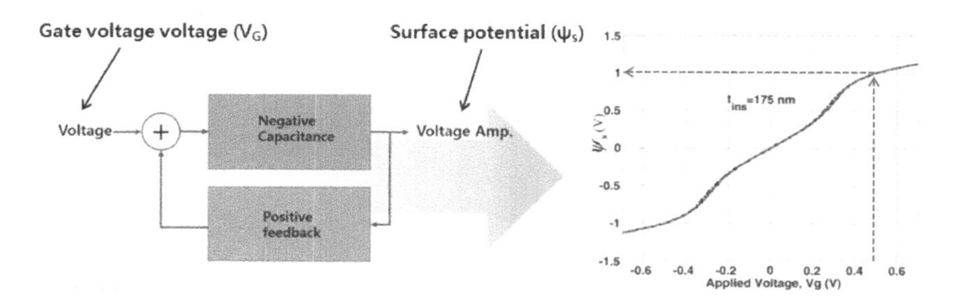

[그림 4-25] NCFET의 연구 역사

[그림 4-25]의 오른쪽 그림은 ferroelectric 물질을 insulator로 사용했을 때 φ_S이 V_G를 걸어주었을 때 어떻게 변하는지를 보여주는 그래프이다. V_G를 0.5V 걸어주었을 때, 실제 surface에서 느끼는 potential은 1V가 되고 더 많은 전류를 흐를 수 있게 된다.

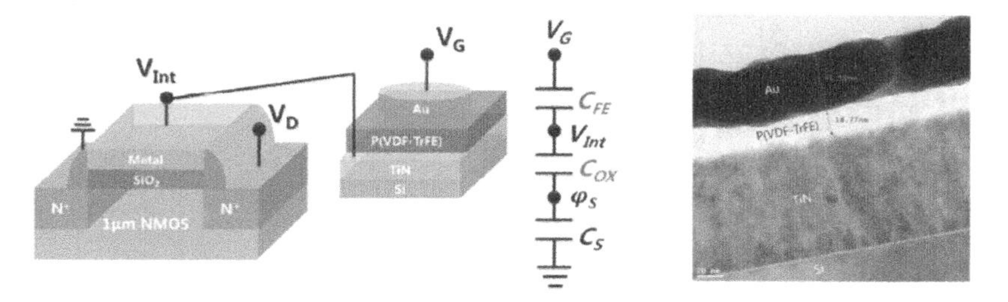

[그림 4-26] MOSFET에 series로 연결된 NC capacitor를 이용해서 NCFET 구현

[그림 4-26]은 MOSFET에 series로 연결된 NC capacitor를 이용하여 NCFET을 실험적으로 구현한 결과이다. [그림 4-26]의 오른쪽은 ferroelectric 물질인 P(VDF-TrFE)를 이용한 실제 NC capacitor의 TEM사진이다.

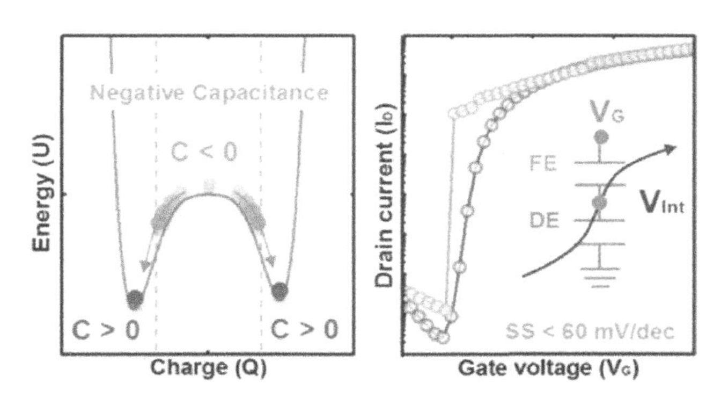

[그림 4-27] Energy가 양수일 때와 음수일 때의 MOSFET 전류-전압 곡선의 변화

[그림 4-27]은 energy의 극성에 따른 MOSFET의 전류-전압 곡선의 변화를 나타낸 것이다. 앞에서 언급한 대로 negative capacitance 구간을 이용하면 그림에서 볼 수 있듯이 ferroelectric을 연결하지 않은 소자 보다 훨씬 steep 한 SS를 갖는 소자를 얻을 수 있다.

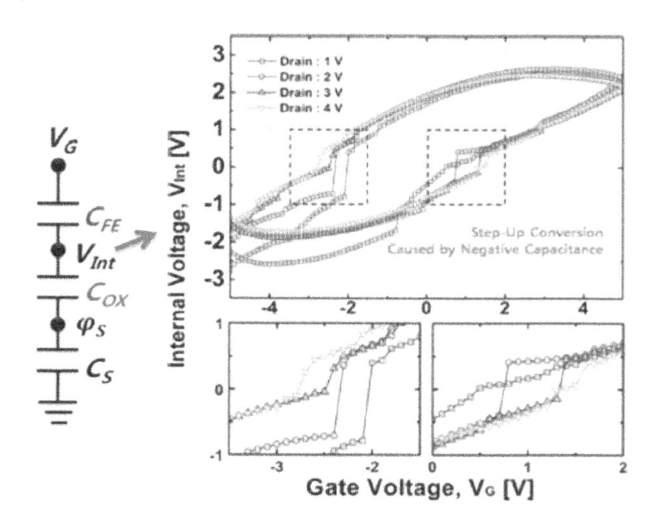

[그림 4-28] 그림 4-26에 나온 소자의 V_G와 V_{int} 관계를 나타낸 그래프

[그림 4-28]은 [그림 4-26]에 나온 소자의 V_G와 V_{int} 관계를 나타낸 그래프이다. Negative capacitance에 의해서 V_G가 변할 때 V_{int}가 급격히 변하는 것을 볼 수 있다.

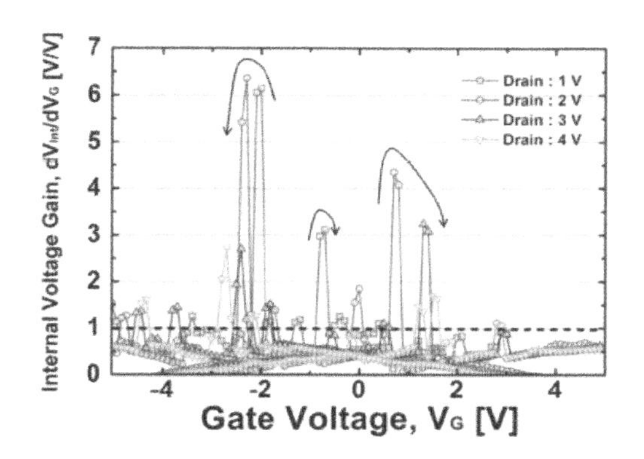

[그림 4-29] 그림 4-26에 나온 소자의 gate voltage에 따른 internal voltage gain을 나타낸 그래프

이것을 좀 더 이해하기 쉽게 보기 위해서 [그림 4-29]를 보자. [그림 4-29]은 [그림 4-26]에 나온 소자의 gate voltage에 따른 internal voltage gain을 나타낸 그래프이다. V_G 대비 V_{int}가 증가되기 때문에 작은 voltage를 걸어줘도 MOSFET은 더 큰 voltage를 걸어줬다고 느끼게 되고, 더 큰 전류를 흘리게 한다.

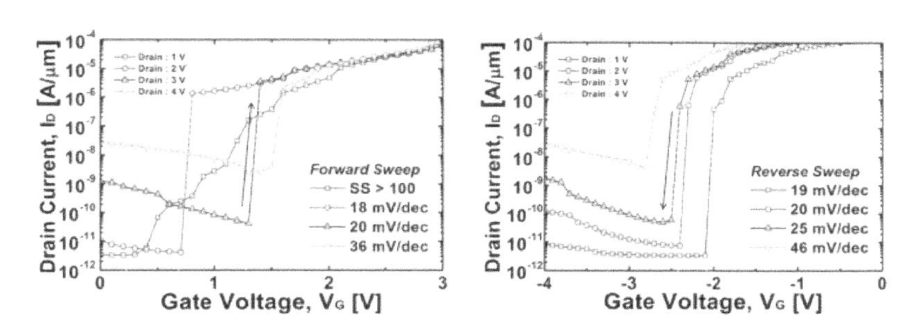

[그림 4-30] 그림 4-26에 나온 소자의 I_{DS}–V_{GS} 곡선

그 결과, 작은 V_G의 변화에 V_{int}변화는 크게 일어나고 전류는 steep하게 증가하게 된다[그림 4-30].

위에서 언급했듯이, ferroelectric 물질은 온도 의존성이 상당히 높다. 따라서 온도의 변화에 따른 NCFET의 성능 변화를 알아보는 것은 중요한 일이 될 것이다.

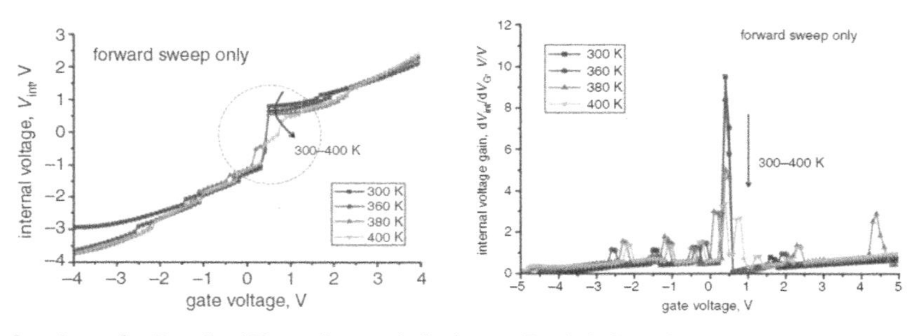

[그림 4-31] 온도에 따른 V_G와 V_{int} 관계 및 gain을 나타낸 그래프

온도가 올라가면 ferroelectric 물질이 Curie temperature를 넘게 되고, ferroelectric 특성을 잃고 paraelectric 상태가 된다. [그림 4-31]은 온도에 따른 V_G와 V_{int}의 관계 및 gain을 나타낸 그래프이다. 온도가 증가할 수록 V_G 대비 V_{int}의 증가량이 감소 하는 것을 볼 수 있다. 그 결과, negative capacitance 효과가 약해지고, I_{DS}−V_{GS} 곡선의 SS값 역시 덜 steep 해지는 것을 알 수 있다[그림 4-32].

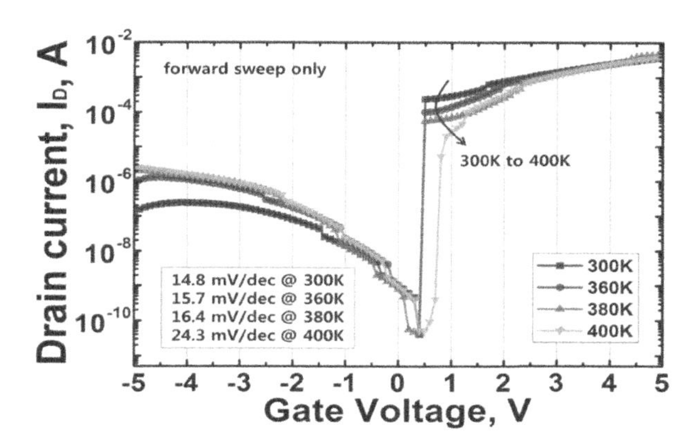

[그림 4-32] 온도에 따른 I_{DS} – V_{GS} 곡선

아래 내용은 참고용으로 보길 바랍니다.

Negative-Gate-Capacitance FET

Advantages:	Challenges:
• Uses negative differential capacitance in series with MOS capacitance to enable sub-60mV/dec subthreshold slope (STS) • Materials relatively well understood • New results (in press) providing experimental validation of predicted Q-V curve with negative differential capacitance	• Experimental demonstration of a FET has not been completed yet • Principle of operation assumes that MOS capacitor is linear • With true, nonlinear MOS cap, may only be able to get low STS over a narrow voltage range

Key observations:

- Since original proposal by S. Salahuddin et al., many groups have made progress in integrating various ferroelectrics into gate stacks to test this idea
- A full convincing demonstration remains elusive

International Technology Roadmap for Semiconductors ITRS

[그림 4-33] ITRS 자료: NCFET의 장단점

References

[4-1] T.-J. King Liu, *Symposium on VLSI Technology Short Course*, June 2012
[4-2] A. Seabaugh, *IEEE Spectrum*, September 2013
[4-3] A. I. Khan et al. *Nature Materials*, 2015
[4-4] S. Salahuddin et al. *Nano Letters*, 2008
[4-5] A. Rusu et al. *IEDM*, 2010
[4-6] H. W. Then et al. *IEDM*, 2013
[4-7] K. S. Li et al. *IEDM*. 2015
[4-8] J. Jo et al. *Nano Letters*, 2015
[4-9] J. Jo et al. *IET Electronics Letters*, 2015
[4-10] International Technology Roadmap for Semiconductors (ITRS)

신창환
- 2000 ~ 2006 고려대학교 공과대학 전기전자전파공학부 졸업
- 2006 ~ 2011 University of California Berkeley 전기컴퓨터공학 박사
- 2011 ~ 2012 Xilinx Inc. (San Jose, CA, USA) 책임연구원
- 2012 ~ 2016 서울시립대학교 전자전기컴퓨터공학부 조교수
- 2013 ~ 2014 서울시립대학교 교수학습개발센터 센터장
- 2016 ~ 현재 서울시립대학교 전자전기컴퓨터공학부 부교수
- 2016 ~ 현재 서울시립대학교 공과대학 부학장

최신 CMOS 기술 요약 및 미래 CMOS 소자 기술

1판 1쇄 인쇄 2016년 10월 28일
1판 1쇄 발행 2016년 11월 05일
저 자 신창환
발 행 인 이범만
발 행 처 **21세기사** (제406-00015호)
경기도 파주시 산남로 72-16 (10882)
Tel. 031-942-7861 Fax. 031-942-7864
E-mail : 21cbook@naver.com
Home-page : www.21cbook.co.kr
ISBN 978-89-8468-697-7

정가 15,000원